AF313108

Anne de Lanclos

Typ. Lacrampe et Comp.

LA
TOILETTE,
ALMANACH DES FEMMES,

POUR 1843.

PAR

EUGÈNE BRIFFAULT.

Pour plaire, il faut avoir douce humeur, douce peau et douce haleine.

SOPHIE ARRNOULD.

Ire ANNÉE. — PRIX : 1 FRANC.

SE VEND :

Chez {
CURMER, libraire, rue Richelieu, 49 ;
SUSSE, place de la Bourse ;
AUBERT, place de la Bourse.
Et chez tous les libraires.

1843.

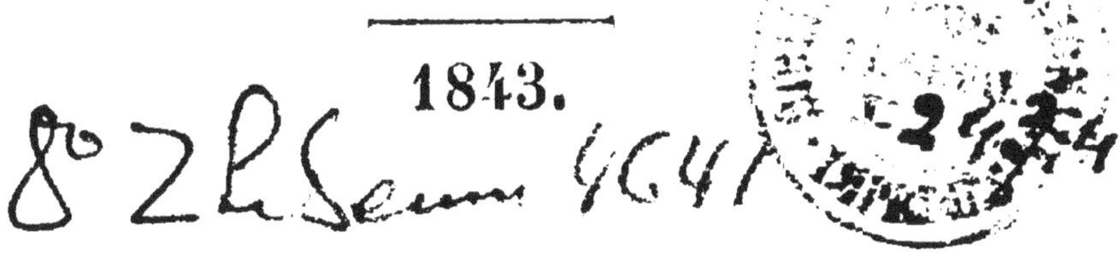

1843.

Année de la période Julienne.................... 6556
Depuis la première Olympiade d'Iphitus jusqu'en juillet............................. 2619
De la fondation de Rome selon Varron (mars).. 2596
De l'époque de Nabonassar depuis février..... 2590
De la naissance de Jésus-Christ................ 1843
L'Année 1258 des Turcs commence le 12 février 1842 et finit le 31 janvier 1843.

COMPUT ECCLÉSIASTIQUE.

Nombre d'or.............................. 1
Épacte ....
Cycle solaire............................ IV
Indiction romaine........................ 1
Lettre Dominicale........................ A

FÊTES ANNUELLES ET MOBILES.

La Septuagésime.................... 12 février.
Les Cendres .... 1er mars.
PAQUES........... .... 16 avril.

Les Rogations...................... 22 mai.
L'ASCENSION...................... 25 mai.
LA PENTECOTE .... 4 juin.
La Trinité...................... 11 juin.
LA FÈTE-DIEU.................. 15 juin.
L'Avent...................... 3 décembre.

QUATRE-TEMPS.

Les 8, 10 et 11 mars.
Les 7, 9 et 10 juin.
Les 20, 22 et 23 septembre.
Les 20, 22 et 23 décembre.

SAISONS.

LE PRINTEMPS commencera le 21 mars, à 6 heures 15 minutes du matin.

L'ÉTÉ commencera le 22 juin, à 3 heures 12 minutes du matin.

L'AUTOMNE commencera le 23 septembre, à 5 heures 19 minutes du soir.

L'HIVER commencera le 22 décembre à 10 heures 58 minutes du matin.

ÉCLIPSES.

Le 27 juin 1843, Éclipse annulaire du Soleil invisible à Paris.

Commencement à 5 heures 4 minutes. — Fin à 10 heures 15 minutes.

Les 6 et 7 décembre, Éclipse partielle de Lune visible à
Paris.

Entrée de la Lune dans la pénombre, le 6, à 9 heures
45 minutes du soir, t. m. de Paris.

Commencement de l'Éclipse, à 11 heures 27 minutes.

Milieu de l'Éclipse, le 7, à 0 heure 20 minutes du matin.

Fin de l'Éclipse, à 1 heure 13 minutes.

JANVIER, 31 jours.

1	*Dimanche.*	CIRCONCISION.
2	Lundi.	s. Basile, évêque.
3	Mardi.	ste. Geneviève.
4	Mercredi.	s. Rigobert.
5	Jeudi.	s. Siméon.
6	Vendredi.	EPIPHANIE.
7	Samedi.	s. Théaulon.
8	*Dimanche*	s. Lucien.
9	Lundi.	s. Furcy.
10	Mardi.	s. Paul, ermite.
11	Mercredi.	s. Théodose.
12	Jeudi.	s. Arcade.
13	Vendredi.	Bapt. de N. S.
14	Samedi.	s. Hilaire.
15	*Dimanche.*	s. Maur.
16	Lundi.	s. Guillaume.
17	Mardi.	s. Antoine.
18	Mercredi.	C. s. Pierre.
19	Jeudi.	s. Sulpice.
20	Vendredi.	s. Sébastien.
21	Samedi.	ste Agnès.
22	*Dimanche.*	s. Vincent.
23	Lundi.	s. Ildefonse.
24	Mardi.	s. Rabylas.
25	Mercredi.	Conversion s. Paul.
26	Jeudi.	ste.
27	Vendredi.	s. Julien.
28	Samedi.	s. Charlemagne.
29	*Dimanche.*	s. François de Salle.
30	Lundi.	ste. Bath,
31	Mardi.	s. Pierre N.

La lune de janvier commence le 1ᵉʳ janvier, et finit le 30 janvier.

Les jours croissent de 22 minutes le matin et de 30 minutes le soir.

Le nom de ce mois vient de *Janus*, roi d'Italie, que la superstition a déifié, et peint à double visage, parce qu'il changea la face des hommes, de barbares les rendant polis, et qu'on le fit présider aux actions qui ont souvent deux faces, et toujours deux rapports, au passé et à l'avenir.

Temps présumé.

Le 1ᵉʳ, neige ; 2, serein ; 3, brouillard ; 4, froid ; 5, clair ; 8, froid ; 9, neige ; 12, temps dur ; 15, clair ; 16, serein ; 18, vent froid ; 19, neige ; 21, brouillard ; 25, neige ; 24, gelée ; 26, vent froid ; 27, nuageux ; 29, brouillard froid ; 31, givre.

FÉRIER, 28 jours.

1	Mercredi.	s. Ignace.
2	Jeudi.	*Purification.*
3	Vendredi.	s. Blaise.
4	Samedi.	s. Gilbert.
5	*Dimanche.*	ste Agathe.
6	Lundi.	s. Wast.
7	Mardi.	s. Romuald.
8	Mercredi.	s. Jean de M.
9	Jeudi.	ste Apolline.
10	Vendredi.	ste Scholastique.
11	Samedi.	s. Severin.
12	*Dimanche.*	*Sept.* ste Eulal.
13	Lundi.	s. Lézol.
14	Mardi.	s. Valentin.
15	Mercredi.	s. Faust. 4 T.
16	Jeudi.	s. Julien.
17	Vendredi.	s. Silvain.
18	Samedi.	s. Siméon.
19	*Dimanche.*	*Sex.* s. Gabin.
20	Lundi.	s. Euch.
21	Mardi.	s. Pépin.
22	Mercredi.	Ch. s. Pierre.
23	Jeudi.	ste Isabelle.
24	Vendredi.	s. Mathias.
25	Samedi.	s. Taraise.
26	*Dimanche.*	*Quin.* s. Alexis.
27	Lundi.	s. Léan.
28	Mardi.	s. Rom. M. G.

Les jours croissent de 44 minutes le matin et de 46 minutes le soir.

La lune de février commence le 31 janvier, et finit le 28 février.

Ce mois s'appelait *februarius*, chez les anciens ; ce mot emporte la signification de *purifier* et de faire des expiations, ce qui se pratiquait pendant 12 jours. *Februare* vient aussi de *Februus*, ancien dieu des morts et père de Pluton ; c'est de là, sans doute, que dérive *febris*, la fièvre.

Temps présumé.

Le 2, pluvieux ; 4, vent froid ; 6, brouillard ; 8, brumeux ; 9, temps âpre ; 10, venteux ; 12, nuageux ; 13, pluie ; 14, givre ; 16, rude ; 17, clair ; 20 serein ; 22, beau ; 23, agréable ; 24, 25 et 26, gros froid ; 27, venteux ; 28, neige.

MARS, 31 jours.

1	Mercredi.	*Cendres.*
2	Jeudi.	s. Simplice.
3	Vendredi.	ste Cunégonde.
4	Samedi.	s. Casimir.
5	*Dimanche.*	*Quad.* s. Dra.
6	Lundi.	ste Colette.
7	Mardi.	s. Thomas.
8	Mercredi.	s. J. de D. 4 T.
9	Jeudi.	ste Françoise.
10	Vendredi.	s. Doctrové.
11	Samedi.	40 Martyrs.
12	*Dimanche.*	*Rem.* s. Paul. évang.
13	Lundi.	ste Euphrasie.
14	Mardi.	s. Lubin.
15	Mercredi.	s. Longin.
16	Jeudi.	s. Cyriaque.
17	Vendredi.	s. Abraham.
18	Samedi.	s. Alexandre.
19	*Dimanche.*	*Ocu.* s. Joseph.
20	Lundi.	s. Joachim.
21	Mardi.	s. Benoît.
22	Mercredi.	s. Lée.
23	Jeudi.	s. Victorien.
24	Vendredi.	s. Gabriel.
25	Samedi.	ANNONCIATION.
26	*Dimanche.*	*Læt.*
27	Lundi.	s. Rupert.
28	Mardi.	s. Gontrand.
29	Mercredi.	s Eustase.
30	Jeudi.	s. Rieule, évêque.
31	Vendredi.	s. Gui.

Les jours croissent de 54 minutes le matin et de 55 minutes le soir.

La lune de mars commence le 1er mars et finit le 30 mars.

Ce mois tire son nom du Dieu *Mars*, cru père de Romulus, qui peut-être par cette raison le mit le premier de l'année; Numa, son successeur, assigna ce rang à janvier. En ce mois, l'on donnait les étrennes, on renouvelait le feu sacré, et on offrait des sacrifices à Anne-Pérenne, déesse des années.

Temps présumé.

Le 1er, couvert ; 3, agréable ; 4, soleil ; 5, doux ; 6, clair; 7, venteux ; 8, glace ; 11, nuageux ; 12, vent ; 14, clair; 15, nuageux ; 16, serein ; 17, clair; 19, doux ; 20, soleil ; 22, doux ; 24, neige; 25, grésil ; 26, neige ; 27, serein ; 29, sec ; 30, doux.

AVRIL , 30 jours.

1	Samedi.	s. Hugues.
2	*Dimanche.*	*Passion.*
3	Lundi.	s. Richard.
4	Mardi.	s. Elphage.
5	Mercredi.	s. Ambroise.
6	Jeudi.	s. Prudent.
7	Vendredi.	ste Egésipe.
8	Samedi.	ste Perpétue.
9	*Dimanche.*	*Rameaux.*
10	Lundi.	s. Macaire.
11	Mardi.	s. Jules.
12	Mercredi.	s. Godeberte.
13	Jeudi.	s. Justin.
14	Vendredi.	*Vendredi-Saint.*
15	Samedi.	s. Paterne.
16	*Dimanche.*	PAQUES.
17	Lundi.	s. Anicot.
18	Mardi.	s. Parfait.
19	Mercredi.	s. Léon.
20	Jeudi.	ste Hildegonde.
21	Vendredi.	s. Anselme.
22	Samedi.	ste Opportune.
23	*Dimanche.*	s. Geor. *Quas.*
24	Lundi.	s. Robert.
25	Mardi.	s. Marc.
26	Mercredi.	s. Clet.
27	Jeudi.	s. Anthime.
28	Vendredi.	s. Polycarpe.
29	Samedi.	s. Vital, *m.*
30	*Dimanche.*	s. Eutrope.

Les jours croissent de 49 minutes le matin, et de 49 minutes le soir.

La lune d'avril commence le 31 mars et finit le 29 avril.

Le nom latin de ce mois est *Aprilis*; Varron le fait venir du mot *aperire* qui signifie *ouvrir*, parce qu'à cette époque de l'année, toute la nature s'ouvre à la végétation.

Temps présumé.

Le 2, vent ; 3, âpre ; 4, nébuleux ; 6, beau ; 7, nuages ; 8, pluvieux ; 11, grésil ; 13, neige ; 14, venteux ; 15, âpre ; 17, clair ; 18, serein ; 19, chaud ; 23, beau ; 24, chaud ; 25, serein ; 26, pluvieux ; 27, inconstant ; 29, vent.

MAI, 31 jours.

1	Lundi.	S. PHILIPPE.
2	Mardi.	s. Athanase.
3	Mercredi.	Invoc. ste Croix.
4	Jeudi.	ste Monique.
5	Vendredi.	s. Augustin.
6	Samedi.	s. Jean P. L.
7	*Dimanche.*	s. Stanislas.
8	Lundi.	s. Désiré.
9	Mardi.	s. Grégoire.
10	Mercredi.	s. Gordien.
11	Jeudi.	s. Mamert.
12	Vendredi.	s. Nérée.
13	Samedi.	s. Servais.
14	*Dimanche.*	s. Pacôme.
15	Lundi.	ste Delphine.
16	Mardi.	s. Honoré.
17	Mercredi.	s. Pascal.
18	Jeudi.	s. Eric.
19	Vendredi.	s. Yves.
20	Samedi.	s. Bernard.
21	*Dimanche.*	ste Virginie.
22	Lundi.	*Rog.* ste Julie.
23	Mardi.	s. Didier, *év.*
24	Mercredi.	ste Jeanne.
25	Jeudi.	ASCENSION.
26	Vendredi.	s. Adolphe.
27	Samedi.	s. Hildevert.
28	*Dimanche.*	s. Germain.
29	Lundi.	s. Maximin.
30	Mardi.	ste Emilie.
31	Mercredi.	ste Pétronille.

Les jours croissent de 39 minutes le matin, et de 38 minutes le soir.

La lune de mai commence le 30 avril et finit le 28 mai. On l'appelle lune rousse.

En latin *Maïus* ; on le nommait ainsi chez les anciens peuples d'Italie, avant la fondation de Rome. Le nom de Maïus est celui que plusieurs peuples donnaient à Jupiter, et quelquefois à Mercure, à cause de sa mère *Maïa*.

Temps présumé.

Le 1er, serein ; 2, beau ; 5, agréable ; 6, nuageux ; 7, clair ; 8, beau ; 9, vent ; 10, 11 et 12, beau temps ; 14, nuageux ; 16, pluie ; 17, serein ; 18, beau ; 19, clair ; 20, chaud ; 21, agréable ; 24 nuages ; 25, couvert ; 26, agréable ; 27, doux ; 29, chaud ; 31, beau.

JUIN, 30 jours.

1	Jeudi.	s. Thierri.
2	Vendredi.	s. Pothin.
3	Samedi.	ste Clotilde. *v, j.*
4	*Dimanche.*	PENTECÔTE.
5	Lundi.	s. Boniface.
6	Mardi.	s. Claude.
7	Mercredi.	s. Paul, *e*, 4 T.
8	Jeudi.	s. Médard.
9	Vendredi.	s. Prime.
10	Samedi.	s. Landri.
11	*Dimanche.*	*Trin.* s. Barn.
12	Lundi.	s. Basilide.
13	Mardi.	s. Antoine de Padoue.
14	Mercredi.	s. Rufin.
15	Jeudi.	FÊTE-DIEU.
16	Vendredi.	s. Fargeau.
17	Samedi.	s. Avit.
18	*Dimanche.*	s. Marine.
19	Lundi.	s. Gervais et s. Protais.
20	Mardi.	s. Silvère.
21	Mercredi.	s. Leufroi.
22	Jeudi.	s. Paulin, *é.*
23	Vendredi.	s. Félix, *v. j.*
24	Samedi.	s. *Jean-Bapt.*
25	*Dimanche.*	s. Prosper.
26	Lundi.	s. Babolein.
27	Mardi.	s. Crescent.
28	Marcredi.	s. Irénée.
29	Jeudi.	s. *P. S. S.*
30	Vendredi.	Com. s. P.

Du 1er au 22, les jours croissent de 7 minutes le matin, et de 8 minutes le soir. Du 22 au 30, ils décroissent de 3 minutes le matin et de 3 minutes le soir.

La lune de juin commence le 29 mai et finit le 27 juin.

Junius, abrégé de *Junonius*, nom qu'il portait chez les peuples du Latium ; d'autres pensent qu'il a été ainsi nommé en l'honneur de Junius Brutus, après l'expulsion des Tarquins.

Temp présumés.

Le 1er, tonnerre ; 2, chaud ; 4, nébuleux ; 5, vent ; 6, beau ; 7, agréable ; 9, nuageux ; 10, pluie ; 11, beau ; 12, serein ; 13, orage ; 14, nuageux ; 16, variable ; 18, inconstant ; 19, beau ; 21, serein ; 23, beau ; 24, agréable ; 26, chaleur ; 28, venteux ; 29, nuageux : 30, pluie.

JUILLET, 31 jonrs.

1	Samedi.	s. Martial.
2	*Dimanche.*	Vis. de N.-D.
3	Lundi.	s. Anatole.
4	Mardi.	Trans. S. Ma.
5	Mercredi.	ste Zoé, *m.*
6	Jeudi.	s. Tranquille.
7	Vendredi.	ste Aubierge.
8	Samedi.	ste Priscille.
9	*Dimanche.*	ste Victoire.
10	Lundi.	ste Félicité.
11	Mardi.	Tr. s. Benoit.
12	Mercredi.	s. Gualbert.
13	Jeudi.	s. Turiaf.
14	Vendredi.	s. Bonaventure.
15	Samedi.	s. Henri.
16	*Dimanche.*	*N.-D. M.-C.*
17	Lundi.	s. Alexis.
18	Mardi.	s. Clair.
19	Mercredi.	s. Vincent de Paul.
20	Jeudi.	ste Marguerite.
21	Vendredi.	s. Victor, *m.*
22	Samedi.	ste Madeleine.
23	*Dimanche.*	s. Appolinaire.
24	Lundi.	ste Christine, *vig.*
25	Mardi.	s. Jacq. s. Ch.
26	Mercredi.	Tr. de s. M.
27	Jeudi.	s. Pantaléon.
28	Vendredi.	ste Anne.
29	Samedi.	ste Marthe.
30	*Dimanche.*	s. Abdon.
41	Lundi.	s. Germain l'Auxer.

Les jours décroissent de 18 minutes le matin, et de 28 minutes le soir.

La lune de juillet commence le 28 juin, et finit le 26 juillet.

Les jours *caniculaires* commencent le 16 juillet et durent six semaines.

Ainsi nommé par les soins et sous le consulat de Marc-Antoine, pour honorer la naissance de Jules-César, arrivée le 4 des *Ides* de ce mois. On le nommait auparavant, *Quintilis,* étant le cinquième dans le calendrier de Romulus.

Temps présumé.

Le 3, venteux ; 4, nuageux ; 5, serein ; 6, clair ; 7, orage ; 8, chaud ; 9, nuageux ; 11, agréable ; 12, beau ; 13, chaleur ; 14, nuages ; 15, beau ; 16, agréable ; 18, variable ; 19, 20, 21, beau ; 22, 23, 24, pluie ; 25, 26, serein ; 27 et 29, chaud ; 31, orage.

—

AOUT, 31 jours.

1	Mardi.	s. Pierre ès-L.
2	Mercredi.	s. Etienne, *p.*
3	Jeudi.	Inv. de s. Et.
4	Vendredi.	s. Dominique.
5	Samedi.	s. Yon, *martyr.*
6	*Dimanche.*	Tr. de N. S.
7	Lundi.	s. Gaëtan.
8	Mardi.	s. Justin.
9	Mercredi.	s. Spire , *vig.*
10	Jeudi.	s. Laurent.
11	Vendredi.	S. de ste C.
12	Samedi.	ste Claire.
13	*Dimanche.*	s. Hippolyte.
14	Lundi.	s. Eusèbe, *v. j.*
15	Mardi.	ASSOMPTION.
16	Mercredi.	s. Roch.
17	Jeudi.	s. Mamert.
18	Vendredi.	ste Hélène.
19	Samedi.	s. Louis, *év.*
20	*Dimanche*	s. Bernard.
21	Lundi.	s. Privat.
22	Mardi.	s. Simphor.
23	Mercredi.	s. Sidoine, *év.*
24	Jeudi.	s. Barthélemy.
25	Vendredi.	s. Louis, *r.*
26	Samedi.	s. Zéphirin.
27	*Dimanche.*	s. Césaire.
28	Lundi.	s. Augustin.
29	Mardi.	Déc. s. J.
30	Mercredi.	s. Fiacre.
31	Jeudi.	s. Ovide.

Les jours décroissent de 48 minutes le matin et de 48 minutes le soir.

La lune d'août commencé le 20 juillet et finit le 25 août.

Ce mois avait, comme le précédent, un nom tiré de son rang, *sextilis*. Le sénat, pour honorer Auguste, le nomma *Augustus*; Voltaire, malgré l'usage qui a fait la corruption du mot août, lui a consacré le nom d'*Auguste*.

Temps présumé.

Le 1er, orage; 2, pluie; 3, beau; 5, clair; 6, nuages; 7, 8, 9, beau; 10, 11, pluie; 12, 13 et 14, beau; 15, tonnerre; 16, 17, 18 et 19, beau; 20, 21 et 22, frais; 24, beau; 25, chaud; 26, serein; 27, beau; 28, pluvieux; 29, nuageux; 30 et 31, beau.

SEPTEMBRE , 30 jours.

1	Vendredi.	s. Leu s. Gill.
2	Samedi.	s. Lazare.
3	*Dimanahe.*	s. Grégoire.
4	Lundi.	ste Rosalie.
5	Mardi.	s. Bertin.
6	Mercredi.	s. Onésipe.
7	Jeudi.	s. Cloud.
8	Vendredi	N. DE LA V.
9	Samedi.	s. Omer, *év.*
10	*Dimanahe.*	ste Pulcher.
11	Lundi.	s. Patient, *é.*
12	Mardi.	s. Serdot.
13	Mercredi.	s. Aimé.
14	Jeudi.	Exalt. ste Cr.
15	Vendredi.	s. Nicomède.
16	Samedi.	s. Cyprien.
17	*Dimanahe.*	s. Lambert.
18	Lundi.	s. Jean Chr.
19	Mardi.	s. Janvier.
20	Mercredi.	s. Eusta. 4 T.
21	Jeudi.	s. Mathieu.
22	Vendredi.	s. Maurice.
23	Samedi.	ste Thècle, *v.*
24	*Dimanahe.*	s. Andoche.
25	Lundi.	s. Firmin.
26	Mardi.	ste Justine.
27	Mercredi.	s. C., s. D.
28	Jeudi.	s. Céran.
29	Vendredi.	s. Michel.
0	Samedi.	s. Jérôme.

Les jours décroissent de 52 minutes le matin et de 52 minutes le soir.

La lune de septembre commence le 26 août et finit le 23 septembre.

Septembre, syncope de *Septem ab imbre*, le septiéme après les neiges, qui se divisaient en premières et secondes neiges; ces noms populaires sont ceux des mois que quelques auteurs ont retranchés du calendrier de Romulus.

Temps présumé.

Le 1er, venteux; 2, nuageux; 3, inconstant; 5, beau; 7, agréable; 8, clair; 9, screin; 11, beau; 12, tonnerre; 13, nuageux; 14, nébuleux; 16, nuages; 17, clair; 20, 22, incertain; 24, vent; 25, variable; 26, vent; 28, doux; 30, clair.

OCTOBRE, 30 jours.

1	*Dimanɔhe.*	s. Remi, *én.*
2	Lundi.	ss. Ang. Gar.
3	Mardi.	s. Denis Ar.
4	Mercredi.	s. Fr. d'Assise.
5	Jeudi.	ste Aure, *n.*
6	Vendredi.	s. Bruno.
7	Samedi.	s. Serge, s. B.
8	*Dimanɔhe.*	ste Thaïs.
9	Lundi.	s. Denis, *én.*
10	Mardi.	s. Géréon, *m.*
11	Mercredi.	s. Firmin.
12	Jeudi.	s. Vilfride.
13	Vendredi.	s. Edouard.
14	Samedi.	s. Caliste.
15	*Dimanɔhe.*	ste Thérèse.
16	Lundi.	s. Léopold.
17	Mardi.	s. Cerboney.
18	Mercredi.	s. Luc, *én.*
19	Jeudi.	s. Savinien.
20	Vendredi.	s. Sendou.
21	Samedi.	ste Ursule.
22	*Dimanɔhe.*	s. Mellon.
23	Lundi.	s. Hilarion.
24	Mardi.	s. Magloire.
25	Mercredi.	s. Cr. s. Cr.
26	Jeudi.	s. Rustique.
27	Vendredi.	s. Frumen, *n.*
28	Samedi.	s. Sim. s. J.
29	*Dimanɔhe.*	s. Faron, *én.*
30	Lundi.	s. Lucain.
31	Mardi.	s. Quent., *n. g.*

Les jours diminuent de 52 minutes le matin et de 52 minutes le soir.

La lune d'octobre commence le 24 septembre et finit le 22 octobre.

Octobre tire son nom de la même source que le précédent, Domitien, né dans ce mois, voulut lui donner son nom, et à septembre son surnom de *Germanicus*, parce que c'était le mois pendant lequel il était parvenu à l'empire; mais ces appellations ne survécurent pas à celui qui avait essayé de les imposer.

Temps présumé.

Le 1er, beau ; 4, nébuleux ; 5, agréable ; 7, doux ; 9, brouillard ; 11, vent ; 12, nuageux ; 13, agréable ; 15, pluvieux ; 17, sombre ; 18, clair ; 20, venteux ; 22, serein ; 24 et 25, beau temps ; 26, pluie ; 27, sombre ; 29, variable ; 30, doux ; 31, frais.

NOVEMBRE, 30 jours.

1	Mercredi.	TOUSSAINT.
2	Jeudi.	Trépassés.
3	Vendredi.	s. Marcel, *én*.
4	Samedi.	s. Charles.
5	*Dimanche*.	s. Bertilde.
6	Lundi.	s. Léonard.
7	Mardi.	s. Wilfrod.
8	Mercredi.	stes Reliques.
9	Jeudi.	s. Mathurin.
10	Vendredi.	s. Léon.
11	Samedi.	s, Martin.
12	*Dimanche*.	s. Réné. *év*.
13	Lundi.	s. Brice, *én*.
14	Mardi.	s. Achille.
15	Mercredi.	s. Eugène.
16	Jeudi.	s. Eucher.
17	Vendredi.	s. Agnan.
18	Samedi.	ste Aude.
19	*Dimanche*,	ste Elisabeth.
20	Lundi.	s. Edmond.
21	Mardi.	Pr. de la V.
22	Mercredi.	ste Cécile.
23	Jeudi.	s. Clément.
24	Vendredi.	ste Flore, *n*.
25	Samedi.	ste Catherine.
26	*Dimanche*.	ste Genev. A.
27	Lundi.	s. Sever.
28	Mardi.	s. Sosthènes.
29	Mercredi.	s. Saturnin.
30	Jeudi.	s. André.

Les jours décroissent de 39 minutes le matin et de 39 minutes le soir.

La lune de novembre commence le 23 octobre et finit le 21 novembre.

Novembre est formé de ces mots : *novem ab imbre,* parce qu'il était le neuvième depuis l'hiver. L'empereur Commode essaya vainement de changer son nom et celui de décembre.

Temps présumé.

Le 1er, rude ; 2, venteux ; 3, nébuleux ; 4, clair ; 8, brouillard ; 9, nuageux ; 10, pluie ; 12, incertain ; 13, nuageux ; 16, froid ; 17 et 18, serein ; 19, nuageux ; 21, pluie ; 22, trouble ; 24, neige ; 25, nuageux ; 26, neige ; 28, trouble ; 30, pluie.

DÉCEMBRE, 31 jours.

1	Vendredi.	s. Éloi.
2	Samedi.	s. Franç.-Xav.
3	*Dimanche.*	Av. s. Mirocle.
4	Lundi.	ste Barbe.
5	Mardi.	s. Sabas, *ab*.
6	Mercredi.	s. Nicolas.
7	Jeudi.	ste Fare, *v*.
8	Vendredi.	CONCEPTION.
9	Samedi.	ste Léocade.
10	*Dimanche.*	ste Valère.
11	Lundi.	s. Fuscien.
12	Mardi.	s. Damas.
13	Mercredi.	ste Luce, *v*.
14	Jeudi.	s. Nicais.
15	Vendredi.	s. Mesmin.
16	Samedi.	ste Adélaïde.
17	*Dimanche.*	ste Olympe.
18	Lundi.	s. Gratien.
19	Mardi.	s. Meuris.
20	Mercredi.	ste Philo. Q. T.
21	Jeudi.	s. Thom. *ap*.
22	Vendredi.	s. Honorat.
23	Samedi.	ste Victoire.
24	*Dimanche*	s. Yves, *a. j.*
25	Lundi	NOEL.
26	Mardi.	s. *Étienne*.
27	Mercredi.	s. *Jean*, ap.
28	Jeudi.	ss. Innocens.
29	Vendredi.	s. Thom. C.
30	Samedi.	ste Colombe.
31	*Dimanche.*	s. Sylvestre.

Les jours décroissent de 10 minutes jusqu'au 21, et croissent de 10 minutes jusqu'au 31.

La lune de décembre commence le 22 novembre et finit le 20 décembre.

December, abrégé de *decem ab imbre*, le dixiéme depuis les neiges. L'année se comptait, avant Romulus, par le temps des neiges et depuis les neiges, sans retrancher ni ajouter : on a distingué les mois par des noms différens, et transféré l'ordre ancien de l'année.

Temps présumé.

Le 1er, nuageux ; 3, venteux ; 4, rude ; 5, neige ; 7, variable ; 9, serein ; 11, clair ; 12, sombre ; 13, nébuleux ; 15, clair ; 16, froid ; 19, neige ; 22, clair ; 24, sombre ; 26, clair ; 28, neige ; 30, doux.

JANVIER.

n pourrait comparer les premiers jours de ce mois, au miel dont on frotte, pour les enfans, les bords du vase qui contient une liqueur amére; c'est par des baisers, des bonbons, des félicitations mutuelles, des protestations de tendresse et de dévoûment, des caresses et des présens que commence l'année.

Les prémices du mois de janvier appartiennent à l'arrangement des jolies bagatelles que l'on a reçues. A cette époque, les enfans avec leurs jouets, les jeunes filles avec les cadeaux des parens et des amies, les jeunes femmes avec tout le luxe dont on les entoure, forment leur petit musée. L'âge mûr et la vieillesse se réservent le plaisir de donner.

Susse est le principal fournisseur de ces élégantes merveilles; chez lui, l'art et le goût rehaussent toujours les dons les plus légers. Les friandises et les bonbons sont choisis chez Liébaut; dans ses magasins, le sucre se façonne de la plus ingénieuse manière, et prend mille formes qui charment et amusent.

La lecture des cartes et de la liste des personnes qui se sont inscrites est une des plus graves occupations du mois de janvier; c'est la revue générale du monde dans lequel on vit; c'est là que l'on sait quels sont les amis que l'on a perdus, quels sont ceux que l'on gagne et quels sont ceux que l'on doit conserver.

Les toilettes de bal sont déjà l'affaire importante ; les riches satins, les beaux velours, les glacés châtoyans et la moire aux magnifiques reflets, les gaz, les fleurs, les crêpes diaphanes, les dentelles de tous les siècles, les surtouts, les aigrettes, les torsades d'or et d'argent, les bijoux étincelans, tout que la fantaisie peut créer de prodiges, de caprices admirables et de nobles atours, se mêlent et s'unissent pour parer tous les âges. C'est le moment où l'année déploie le plus de luxe et d'éclat.

A la ville, on rencontre les fourrures, les vêtemens aux formes graves et sévères, les chapeaux de velours, les manchons et les chaudes enveloppes, qui, depuis quelques années, affectent des aspects si variés et si gracieux.

On sort peu ; on aime le coin du feu, avec les délices qui embellissent maintenant nos logis ; là, on se blottit mollement pour se reposer des plaisirs qu'on a goûtés et pour songer à ceux qu'on prépare. A force de soins, on se défend contre les atteintes du froid, l'ennemi mortel du bien-être et de la beauté.

Cependant, un rayon de soleil peuple les Champs-Élysées et le Bois de promeneuses encapuchonnées et fourrées ; on se salue et on se donne rendez-vous aux bals qui ne sont interrompus que par les grands dîners, si somptueux de pompe et d'ennui.

Pour les pauvres, janvier est un mois de souffrance ; mais alors la bienfaisance frappe à la porte de tous les salons, et la charité a ses fêtes.

Une de nos plus fameuses actrices se plaignait, derniérement, des attaques de certains journaux. — Calmez-vous, lui répondit un homme d'esprit, ne savez-vous donc pas que ce n'est qu'aux arbres à fruit que les vauriens jettent des pierres.

— Deux jeunes gens se disputaient le cœur d'une demoiselle ; fiers de la bonne intelligence qui régnait entre eux, l'un d'eux disait : « Nous sommes rivaux et nous vivons comme deux frères. — Oui, lui répondit-on, comme deux frères qui ont un héritage à partager. »

— Valéria Coppiola, célèbre danseuse romaine, dansait encore sur le théâtre à l'âge de cent quatre ans ; il y avait quatre-vingt-onze ans qu'elle paraissait sur la scène ; on attribue cette robuste longévité à la sagesse de sa conduite.

FÉVRIER.

Les plaisirs redoublent d'ardeur; des hautes régions ils sont descendus dans les zones du milieu et gagnent déjà les contrées inférieures; tout le monde veut s'amuser.

Le plaisir est donc la grande et principale occupation de ce mois; partout on le goûte avec plus de franchise et plus de liberté. Les jours de folie arrivent; alors la joie ressemble à de la démence, et souvent elle semble ne plus connaître de frein.

Nous ne prétendons point blâmer ces transports; mais il y a quelque distinction à ne pas s'y abandonner sans réserve; les bals publics ont, de nos jours, beaucoup perdu de l'attrait piquant et de leur mérite d'autrefois; les habitudes de courtoisie et de politesse les ont quittés, l'esprit lui-même y a moins de délicatesse. On s'y montre pourtant sous le masque; il y a des spectacles qu'il faut contempler; l'extravagance de ces nuits a aussi ses miracles.

Pendant le mois de février, les bals publics sont plus nombreux que dans les autres mois; leur influence se fait sentir sur les bals particuliers; elle apporte dans les salons un peu de la liberté du dehors, contre laquelle doivent lutter le goût des toilettes et le maintien.

Il faut, comme hygiène, comme mise et comme parure, ne rien changer aux habitudes du mois de janvier, si ce n'est pour redoubler de soins contre le froid, au sortir des bals et des théâtres.

L'humidité est surtout redoutable; il faut user des rafraîchiessemens et des boissons glacés avec les plus grands ménagemens, et leur préférer les breuvages chauds ou tièdes.

L'air du mois de février est fort dangereux pour le teint : il gonfle, rougit et couperose la peau ; l'emploi des cosmétiques onctueux et adoucissans est recommandé. Guerlain doit être souvent consulté.

—

—Une jeune femme, mademoiselle Ledue, à laquelle le comte de Clermont faisait la cour, et que, plus tard, il épousa secrètement, était à onze heures du matin dans son lit, lorsque sa femme de chambre lui annonça la visite du prince. « Donnez-moi vite, dit-elle, mon eau de fleurs d'oranger qui est sur la cheminée, et n'ouvrez les fenêtres que quand son altesse entrera. » Elle saisit à la hâte la bouteille qu'on lui présentait et se frotta le visage, la gorge et les bras. Le prince arrive, les fenêtres s'ouvrent et M. de Clermont pousse un cri. Une erreur de la femme de chambre avait substitué une bouteille d'encre à celle d'eau de fleurs d'oranger.

— Une loi de Lycurgue enjoignait aux maris de ne se rendre auprès de leurs femmes qu'avec les précautions que prennent les amans, pour n'être pas observés.

MARS.

oici venir, sinon le beau temps, du moins les premières espérances du printemps. Dans la nature, tout annonce une heureuse révolution ; comme les fleurs, les femmes ressentent ces doux symptômes.

Déjà les fêtes et les bals ont ralenti leur zèle; les charmantes fatigues des nuits de danses sont moins fréquentes; quelques salons retardataires ou quelques hôtels d'élite, continuent seuls leurs réceptions; mais le plaisir ne s'éloigne qu'avec lenteur et comme à regret.

On se rencontre encore dans le monde et aux belles soirées des théâtres qui redoublent alors d'agaceries pour retenir un public prêt à leur échapper; mais on se voit aussi aux promenades et dans les courses qui précèdent le dîner.

Le mois de mars a des exigences sans nombre; il commande plus de légèreté et moins d'opulence dans les toilettes du soir, et pour celles du jour, il revêt déjà quelque chose de moins sombre, de plus riant, de moins enveloppé que ce que prescrivait l'hiver.

En attendant Longchamps et ses arrêts, qu'il ne dicte plus que dans les grands magasins, les pékins aux raies claires, les étoffes diaprées, les taffetas écossais, les robes ouvertes, les chapeaux aux nuances variées, et les châles qui remplacent les manteaux, les camails, les crispins et les burnouss, se montrent gaîment.

Quelques amazones s'élancent comme pour courir au devant des beaux jours.

Les églises ont leur affluence ; on se presse pour entendre les prédicateurs célébres ; là tout est grave, austère, ample et simple dans la mise ; c'est une pieuse coquetterie, à la manière des portraits de madame de Maintenon.

Le mois de mars a aussi le privilége de célébrer les mariages qu'on veut mettre sous le patronage de saint Joseph. C'est une époque d'emplettes et de choix qui demandent le tact le plus exquis et une connaissance parfaite du commerce fashionable.

A ce moment de l'année, il faut se montrer plus que jamais attentif et vigilant pour sa propre santé. L'hiver et ses brûlantes distractions ont allumé des feux qu'il faut éteindre ; il faut aussi seconder le mouvement que la nature imprime alors à tout notre être ; la prudence est un précepte de tous les âges. Au mois de mars, on doit renoncer a tout ce qui peut compromettre le calme et la fraîcheur d'un régime loin de toute excitation.

—

— Une lionne jouait au billard ; elle manqua de touche et se plaignit de sa maladresse. — C'est qu'une bille n'est pas un cœur, lui répondit-on.

— Une femme qui se marie, met la main dans un sac où il n'y a qu'une anguille sur une centaine de serpens ; il y a cent à parier contre un, qu'au lieu de l'anguille, c'est un serpent qu'elle prendra.

— Une femme coquette est un recueil d'historiettes dont l'introduction est le plus joli chapitre ; on se le prête, on s'en amuse ; mais le petit livre est bientôt lu ; il se délabre et il ne reste aux curieux que l'*errata.*

AVRIL.

C'est le printemps de la Ville.

C'est ordinairement vers le milieu de ce mois que Longchamps inaugure les beaux jours; l'hiver persiste souvent à danser encore; il y a des lustres qui ne voudraient jamais s'éteindre; mais le bal et les longues soirées ne sont déjà plus qu'une exception.

Longchamps paraît enfin; il proclame la mode? Il y a un instant où l'anarchie est dans cet empire, habituellement si soumis; tous les caprices agissent à leur gré: Étoffes nouvelles, dessins bizarres, formes singulières, fleurs, rubans, gazes et écharpes, tout s'agite et s'émeut à la fois; tout est bien; la seule condition est de plaire et d'étonner, il faut être à la fois étrange, imprévu, charmant et nouveau.

C'est pour la toilette le vrai *renouveau;* la grâce et la fraîcheur y président.

Avril exhibe les équipages neufs, les livrées nouvelles et les chevaux qui font leur entrée dans le monde.

Ce mois doit continuer le régime commencé par le mois précédent.

—

— La comtesse de Grolée, sœur du cardinal de Tencin, avait mené une vie fort dissipée. A l'âge de quatrevingt-sept ans, elle tomba dangereusement malade. On lui fit sentir la nécessité de mettre ordre à sa conscience, et on amena, à cet effet, un vénérable religieux près de son lit. Tous ceux qui l'entouraient voulurent se retirer.

—« Non, non, dit-elle, restez ; ma confession peut se faire tout haut et ne scandalisera personne... Mon père, j'ai été jeune, j'ai été jolie, on me l'a dit, je l'ai cru, jugez du reste. »

— L'Amour est le frère de l'Amitié. — Sans doute ; mais ce ne sont pas des enfans du même lit.

MAI.

e mois des fleurs et le mois de Marie !

Nous ne saurions donner aux femmes d'autres conseils que ceux que leur donne la nature elle-même, avec une grâce si parfaite ; elle se pare avec délices ; elle se couvre de tout ce qui peut la rendre aimable ; à la lueur bienfaisante d'un soleil qui la baigne de ses rayons et la pénètre d'une douce chaleur, elle s'épanouit elle-même radieuse et rajeunie.

Que les femmes regardent les objets qui les entourent ; qu'à la verdure naissante elles demandent ses tendres reflets, aux fleurs leur attitude molle, svelte et élancée, leurs nuances si heureusement unies et si habillement graduées, et toutes les ravissantes harmonies qui remplissent la création qu'elles s'inspirent de ces suaves idées et de ces divins modèles ; qu'elles les consultent dans le choix et dans les dispositions de ce qui doit les embellir ; elles n'auront pas besoin d'autres guides.

Aux églises, le soir, devant les autels parés de voiles blancs et de blanches guirlandes de fleurs, on chante le mois de Marie, la mère de toutes grâces.

Au mois de mai, les allées de nos promenades sont les éritables salon s.

Au mois de mai, les enfans fleurissent.

Au mois de mai, le meuble favori, celui qui a toutes les préférences, c'est la jardinière ; les marchés aux fleurs doivent être visités souvent.

Au mois de mai, après l'hiver et les mois de mars et d'avril, qui n'ont offert qu'une alimentation irritante, il faut rechercher les alimens frais que présente le printemps ; se couvrir chaudement aux promenades du soir, se préserver contre les brumes des matinées et des soirées ; se voiler contre les rayons du soleil et commencer à rendre les bains fréquens.

Si l'on ne fait pas ses préparatifs pour la campagne, c'est au mois de mai qu'il faut interroger son médecin sur le choix des Eaux.

—

— Dans un village des environs de Paris, plusieurs jeunes filles vinrent chez une actrice qui passait dans le château d'un jeune lion le temps de son congé ; elles la pirèrent de leur prêter des voiles blancs et des ajustemens de même couleur. — Qu'en voulez-vous donc faire, demanda la comédienne. « — Madame, c'est que c'est demain la Toussaint, et monsieur le curé désire que nous nous déguisions en vierges. »

— Une rosière est une jeune fille à laquelle on donne la rose, pour avoir su en défendre le bouton.

JUIN.

L'été est proche ; déjà il se fait sentir.

Dès ce moment, il est convenu que la 'ville est insupportable ; mais les joies de la *villegiatura* et celles du *tourisme* ne sont pas données à tout le monde ; il y a plus d'une femme, jeune, jolie ou recommandable, qui sont condamnées à Paris, *à perpétuité*. Nos villes sont malheureusement sans défense contre les attaques d'été ; nous ne savons rien de la vie d'Espagne, d'Orient ou d'Italie. Des appartemens clos, frais et salubres, parfumés seulement par les émanations des fleurs ; des vêtemens composés des tissus les plus souples et les plus diaphanes, des couleurs claires mais sans trop d'éclat, des coiffures légères et flottantes, une modeste et pudique *désinvolture*, des draperies larges et sans pesanteur, des boissons fraîches, faiblement acidulées et modérément sucrées ; la sobriété, le régime végétal des bains nombreux, des parfums doux et purs, tels sont les élémens de l'hygiéne des risienne, aux approches de la chaude saison.

En ajoutant à ces conseils ceux de ne sortir qu'au moment où le soleil tombe sur l'horizon, d'éviter les fatigues, les transpirations abondantes, de fuir les visites et de lutter contre l'abattement et le sommeil, durant le jour, nous aurons complété nos prescriptions, dictées par l'expérience.

A la campagne, la vie est plus facile et doit être plus instinctive ; là, il faut beaucoup laisser aux avis, aux entraînemens et aux penchans, des faits, des goûts et des lieux ; mais il y a des règles générales dont il ne faut pas se départir.

Puis, à cette intelligence de l'économie corporelle, il faut joindre quelques soucis de la partie morale. Une portion des loisirs des champs, donnée à la culture des arts, à la lecture et à une correspondance éclairée, ne permettrait pas à l'esprit de s'engourdir et de se laisser bercer par les séductions d'un repos qui ne doit jamais ressembler à l'oisiveté. Il ne faut pas partir sans avoir demandé à Curmer une bibliothèque d'été.

— La voiture de la duchesse d'Oxford se trouva un jour arrêtée dans un embarras ; c'était dans le quartier le plus fréquenté de Londres ; elle mit la tête à la portière, pour voir qui l'arrêtait. Un charretier la saisit par le cou et l'embrassa. La duchesse était prête à se fâcher. lorsqu'elle entendit cet homme dire à ses camarades. — « Je viens d'embrasser la plus jolie femme de l'Angleterre. » Elle se retira au fond de sa voiture ; elle se plaisait à raconter elle-même cette anecdote, et elle trouvait que jamais compliment ne lui avait semblé mieux tourné et ne lui avait causé plus de plaisir.

— Les femmes sont comme la grâce à laquelle on peut résister, mais à laquelle on ne résiste jamais.

JUILLET.

e mois ne se distingue d s autres et ne brille dans l'année que par son absence d'émotions. L'émigration parisienne a commencé, sans que l'émigration étrangère et départementale comble les vides laissés par les départs.

Rien ne change dans l'hygiène de l'habitant des villes ; seulement, pour régler sa journée, il se conforme au mot d'ordre que le thermomètre lui transmet, chaque matin, par l'intermédiaire de l'ingénieur Chevalier.

Les bains froids commencent alors à prendre quelque faveur ; les jeunes dames vont en foule à ce délassement. La natation a ses *lionnes*, comme le Bois et l'hippodrome ; le bassin a ses naïades, comme le Champ-de-Mars a ses amazones.

S'il arrive que la politique retienne encore quelques femmes d'état pendant le mois de juillet, il y a des promenades et des cavalcades, mais sous la protection des ombrelles, des *marquises* et des éventails que Duvelleroy nous a faits si coquets et si bien élevés, qu'on les mène en carrosse.

Il y a quelques raoûts au clair de la lune, et aussi

quelques *sauteries*, le soir, sur les pelouses des fraîches villas et sous les grands marronniers.

—

« Je me souviens, dit Addison, d'une jeune demoiselle recherchée par deux rivaux importans qui n'oublièrent, plusieurs mois de suite, ni complaisances, ni assiduités, pour obtenir ses bonnes grâces; jusqu'à ce qu'enfin, lorsqu'elle balançait à choisir, l'un d'eux s'avisa fort à propos d'ajouter un galon de plus à sa livrée. Cette addition eut un si bon effet, qu'au bout d'une semaine il l'épousa. »

— L'affectation est plus dangereuse, pour les jolies femmes, que la petite vérole. La seconde ne touche qu'aux traits de la figure; la première gâte toute la personne.

— Être méchante et chaste, c'est être froide; être chaste et bonne, c'est être honnête.

AOUT.

Les jours caniculaires brûlent le sol ; pour les discussions politiques, pour les études et pour le Palais, les vacances sont ouvertes ; la chasse, qui se prépare à entrer en campagne, inspecte ses armes ; les chevaux de courses piaffent sur le *turf* de Chantilly et sur le sable du Champ-de-Mars.

Au premier aspect, il semble qu'il n'y ait, dans ces faits aux mâles allures, rien qui puisse intéresser les femmes.

Les femmes y prennent part cependant ; elles ont aussi leur sport.

Elles ont fait leurs dernières visites officielles ; elles emmènent leurs fils en vacances, après avoir pieusement conduit leurs filles à la table sainte de la première communion ; elles iront peut-être à Chantilly, s'il y a un bal et une curée aux flambeaux. A coup sûr, on les verra agiter leur mouchoir aux courses du Champ-de-Mars, et il n'est pas sans exemple qu'elles aient ouvert la chasse, à grands coups de fusil.

Ces mœurs viriles trouvent beaucoup d'accueil parmi les femmes ; c'est un progrès dont nous n'avons pas le courage de les féliciter.

La toilette du mois d'août use paisiblement ce qui a été commandé pour juin et juillet. Le régime continue la vie d'été à la ville et la campagne.

—

—Un homme de petite taille avait épousé une femme si grande, qu'il était obligé de monter sur un tabouret pour l'embrasser. Lorsque son mari se fâchait, cette dame le regardait du haut de sa grandeur et disait froidement : « Qui est-ce qui gronde là-bas? »

—La femme est un grand enfant qu'on amuse avec des joujous, qu'on endort avec des louanges et qu'on séduit avec des promesses.

—Le cœur d'une femme galante est comme une rose, dont chaque amant emporte une feuille ; il ne reste bientôt plus que les épines au mari.

SEPTEMBRE.

Dans ce mois, Paris attire toutes les notabilités des departemens ; à côté d'elles s'entasse la multitude des étrangers. Il y a dans nos rues confusion des langues ; on ne se reconnaît ni à l'air, ni au visage.

Alors Paris n'est plus à Paris ; il est partout ailleurs que chez soi.

Au dehors, les pérégrinations parcourent le monde ; elles s'éparpillent en Italie, en Suisse, en Orient ; pour les bords du Rhin, elles délaissent nos Pyrénées aux gigantesques et terribles magnificences et l'Auvergne si riante, si fraîche et si pittoresque.

Les vacances conduisent ici les loisirs de toutes les ambitions du Palais et de l'Université ; la chasse et les courses se raniment et remplissent tous les entretiens auxquels les femmes se mêlent complaisamment. Ce sont les tournois de la chevalerie moderne.

Septembre est le mois des belles villas et celui des beaux voyages.

Les Eaux le regardent comme le meilleur moment de leur saison ; les soirées qui s'alongent, les nuits et les matinées moins douces, parlent déjà de l'hiver et donnent des avertissemens qu'il faut suivre.

—Un homme d'esprit et de cœur qui faisait profession de défendre le beau sexe, ne manquait jamais de demander à ceux qui se faisaient l'écho de récits scandaleux. — « Monsieur, l'avez-vous vu ? — Non..... mais..... — En ce cas, permettez-nous de croire qu'on vous a trompé. »

Un jour, quelqu'un crut l'embarrasser en lui répondant : — « Oui, Monsieur, je l'ai vu ! — Alors, répliqua-t-il, la femme a dû compter sur la discrétion d'un galant homme, et je vous remercie de ne pas douter de la nôtre. »

— Une femme dont on sollicite les faveurs, est comme une énigme dont on cherche le mot ; dès qu'on l'a trouvé, on l'oublie.

OCTOBRE.

L'Automne a encore de beaux jours, mais déjà l'hiver laisse entrevoir ses rigueurs ; le monde n'est pas encore revenu ; il fait faire ses logis ; l'industrie et le commerce se disposent à le recevoir ; tous les travaux, un peu fatigués du long repos de l'été, reprennent une activité nouvelle. Les modes d'hiver tiennent conseil et ne décident rien encore ; c'est pour la toilette et pour le régime une époque de transition dont il faut écouter les avis et suivre les inspirations sans prétendre les diriger.

La ville, pendant le mois d'octobre, ressemble assez bien à un marchand qui ouvre sa boutique.

La campagne et les châteaux n'ont plus de printemps qu'au coin du feu.

—

— Voici un trait de l'antiquité galante rapporté par Brantôme : « Ce n'est d'aujourd'huy seulement, dit-il que l'on a estimé la beauté des belles jambes et des beaux pieds, car c'est une mesme chose ; mais du temps des Romains, nous lisons que Lucius Vitellius, père de l'empereur Vitellius, estant fort amoureux de Messaline, et désirant estre en grâce avec son mari par son moyen, la pria un jour de lui faire cet honneur de lui accorder un don. L'empériére lui demanda : — « Et quoy? — c'est, madame, dit-il, qu'il vous plaise qu'un jour je vous deschausse vos escarpins. » — Messaline, qui était toute courtoise pour ses sujets, ne lui voulut refuser cette grâce ; et, l'ayant deschaussée, en garda un escarpin et le porta toujours sur soy, entre la chemise et la peau, le baisant le plus souvent qu'il pouvait, adorant ainsi le beau pied de sa dame par l'escarpin, puisqu'il ne pouvait avoir à sa disposition le pied naturel, ny la belle jambe.

— Dans son deuxième discours, en son livre des *Dames galantes*, Brantôme pose cette question : « *sur le sujet qui contente le plus en amour, ou le toucher, ou la vue, ou la parole?* — Il célèbre ces trois jouissances, sans oser donner la préférence à aucune.

NOVEMBRE.

n dépit du fameux été de la Saint-Martin, cette seconde jeunesse de la belle saison, l'hiver est venu : les uns l'accueillent avec joie, les autres le subissent.

Le mois de novembre est consacré aux arrangemens intérieurs et aux emplètes de toilette ; on fait le trousseau du temps froid. On visite les grands magasins ; on se pourvoit de ces tissus chauds auxquelles la fabrique française a su donner des aspects si riches et si variés; on étudie la forme et les coupes récentes. C'est alors qu'une direction éclairée devient nécessaire ; le luxe, le goût, l'économie elle-même ont besoin d'être sagement conseillés ; on ne va pas seulement faire des achats, on cherche des avis ; les maisons intelligentes à la tête desquelles nous placerons celle de Thiebaut-Guichard , si admirablement pourvue de tout ce que peuvent souhaiter l'élégance et le bien-être, se prêtent avec bienveillance à ces consultations et leurs confections obéissent à tous les désirs.

Il n'est pas encore question de soirées, pendant les premières semaines du mois de novembre ; quelques bals hâtifs essaient quelques pas ; mais le vrai monde attend encore ; c'est le mois pendant lequel paradent les grands dîners ; on prélude aux relations de l'hiver.

L'hygiène du mois de novembre, même pour les fem-

mes qui se portent le mieux, doit être sévère ; les premiers rhumes se déclarent à cette époque, et ce sont ces
premières affections qu'il faut prévenir et combattre ; il
y va de la santé et des plaisirs de tout l'hiver.

Des vêtemens chauds, des précautions contre l'humidité, et un régime fortifiant, telles sont les bases de nos
recommandations. Les veilles de novembre sont regar-
dées comme plus unestes que celles des autres mois de
l'année ; le froid de la nuit et du matin est âpre et péné-
trant.

—

— Une femme très jolie, mais peu spirituelle, se plaignait d'être obsédée par la foule de ses amans. — Hé,
madame, lui dit Sophie Arnould, il vous est bien facile
de les éloigner, vous n'avez qu'à parler.

— Un vieux duc avait pris une jeune femme ; celle-ci
dépérissait à vue d'œil. — Hélas ! disait à ce sujet, une
femme d'esprit, une jeune fille entre les mains d'un vieillard, c'est un oiseau entre les mains d'un enfant.

— La fille de Sophie Arnould divorça ; sa mère n'ap-
prouva jamais cette conduite, elle n'a cessé de répéter :
« Une telle action me paraît un scandale ; le divorce
n'est que le sacrement de l'adultère. »

DECEMBRE.

Il nous semble que d'un seul trait on pourrait peindre ce mois. Ne suffirait-il pas de dire : c'est le dernier mois de l'année, celui qui précède le mois de janvier ?...

Tout est contenu dans ces mots.

Cependant le mois de décembre a des indications qui lui sont propres. Les soirées et les bals commencent ; le monde entre dans la saison opulente ; le mois précédent a été employé aux emplètes utiles ; maintenant il faut songer à toutes les superfluités, à ces bagatelles sérieuses qui tiennent tant de place dans les délices de la vie.

C'est le mois des riches ; ils régnent sans partage ; tout le travail enfante pour eux des merveilles et se dispute leurs faveurs ; les magasins se parent comme les odalisques du harem, et la fantaisie proméne voluptueusement ses regards sur ce monde de prodiges.

Pour les classes laborieuses, il n'y a pas de récréations pendant les trente-un jours qui précédent le 1er janvier. Un seul mot, domine toutes leurs volontés : le travail.

Pour les classes de loisir, tout, au contraire, est une source de jouissances que l'art se plait à créer et à embellir.

Le mois de décembre doit trouver tout le monde dans les plus fermes résolutions pour braver le froid. Grâces aux ingénieuses prévisions de l'industrie, cette confortable défense est à la portée de toutes les ressources.

Et puis au-dessus de toutes les émotions de décembre, il est une parole pleine d'espérances pour les uns, pleine de terreurs pour les autres, pleine de mouvement pour tous : « ÉTRENNES ! »

—

—Madame de Thianges étant malade, se plaignit au comte de Roncy du bruit des cloches. — Madame, que ne faites-vous mettre du fumier devant votre porte?

—Mademoiselle de Piennes, qui a été chanoinesse, commençant à se passer, et néanmoins ayant grand soin de son teint, mettait toujours nn masque, à ce propos, madame Cornuel dont les réparties étaient en possession de divertir la cour et la ville, disait que la beauté de cette demoiselle était comme un lit qui s'use sous sa housse.

— Une femme reprochait à son mari studieux, de n'avoir pour elle que de l'indifférence. «Je voudrais être livre, disait-elle, pour ne plus vous quitter. — Moi aussi, répondit-il, je voudrais que vous fussiez livre, pourvu que ce fût un almanach; j'en changerais tous les ans.

LA JOURNÉE D'UNE FEMME.

—

Paris, 21 novembre 1842.

A lettre que tu m'as écrite, ma chère Emilie, datée de ton château de Poitou, m'annonce enfin ton retour en France, après une absence de trois mois. La Cour ayant prolongé son deuil ; tu te crois autorisée à retarder aussi ton arrivée à Paris. Ne crains-tu pas de ressembler un peu à ces personnes dont nous avons tant ri, et dont le principal mérite consiste à venir partout les dernières.

Tu as raison; une rentrée après un premier voyage, c'est un nouveau début : tous veulent savoir comment on a fait le premier pas au dehors. En attendant que tu nous dises si tu as trouvé le monde bien grand, tu parais ne plus nous connaître; tu sais maintenant l'Italie, la Suisse, l'Allemagne et bien d'autres contrées; et voilà que tu as oublié Paris, cette ville qui résume toutes les autres. Tu me demandes d'éclairer tes souvenirs, et de jeter quelque jour dans cette obscurité qui t'effraie ; tu as une peur mortelle de donner tête baissée dans la mode du mois dernier; et tu veux que je fasse briller à tes regards, les clartés du mois prochain.

Hier, après avoir lu ta lettre, j'ai reçu la visite de M. L....; dans un de ses entretiens qu'il commence infailliblement par le mot : *je*, il se prit à m'expliquer ses projets politiques pour la prochaine session, et, pendant qu'il me promenait de ministère en ministère, je repassais moi-même mon itinéraire de la veille; je trouvai tant de charmes à échapper par ce détour à l'ennui de sa conversation , que j'essaierai de te mettre de moitié dans le plaisir de cette revue.

Tout aussi bien, c'est de la mode en action.

Je suis sortie à midi , la journée était magnifique, presque chaude. J'aime les dernières lueurs du soleil, à l'approche de l'hiver ; c'est comme le sourire bienveillant d'un vieillard. Ma première visite a été pour Susse ; ses magasins et ses salons, sont le plus joli musée qu'on puisse imaginer. Je ne vais pas seulement admirer chez lui tous les prodiges mignons qu'il enfante pour nos besoins, pour nos plaisirs et pour nos caprices ; ce serait à en devenir folle de désirs : je vais chez Susse pour avoir des nouvelles fraîches et certaines de l'art contemporain ; c'est là seulement qu'on est bien informé de tout ce que le goût et l'intelligence prescrivent de ne pas ignorer.

De là chez Houssaye, il n'y a qu'un pas, et je ne sais rien de plus commode que de faire si facilement et à si peu de frais des voyages en Chine ; dans quelques heures, à Paris, on peut ainsi parcourir l'univers tout entier. La Chine est fort en faveur ; les bulletins de l'armée anglaise l'ont mise en crédit dans tous les salons. A la *Porte Chi-*

noise, j'ai fait, en moins d'une heure, un cours complet des mœurs et des habitudes du céleste empire. J'ai vu avec ravissement, ce monde d'ivoire, de porcelaine, de laque et de bambou, peint, bariolé, verni, découpé, ciselé et façonné avec des délicatesses infinies, toujours bizarres et toujours admirables. A côté de ces grands vases qui étonnent et séduisent le regard, on se plaît à l'interminable examen de ces ustensiles fins et déliés comme pour servir à un peuple d'enfans, et l'on se demande avec effroi, comment les hommes qui vivent au milieu de ces jouets merveilleux, peuvent manier des armes.

On nous conseille l'usage du thé ; j'en ai fait une provision irréprochable ; il y a à la *Porte Chinoise* mille adorables petits présens, à rendre heureux pendant toute l'année, ceux qui les recevront et ceux qui les donneront.

Je ne faisais que préluder à des acquisitions plus importantes ; la semaine dernière M. B.... qui est encore à ses forges, m'a écrit : il a formé pour cet hiver de magnifiques desseins ; son humilité le fatigue, et il veut tâter d'un peu d'ambition. Prépare-toi donc, ma chère Emilie, à me voir sortir de ma modeste enveloppe, pour paraître au milieu des splendeurs. **M. B....** m'a envoyé son architecte, qui a ordre de faire réparer et fraîchement décorer son hôtel de la rue Saint-Dominique; il m'a confié le soin du mobilier et de toute la magnificence des accessoires.

Cette mission me conduisait naturellement chez Vacher; cette maison dont la renommée est si ancienne et si justement acquise a pour moi un mérite que je ne trouve pas ailleurs. On croit généralement que Vacher ne fabrique que des meubles somptueux, et hors de la portée des fortunes ordinaires; c'est une erreur : j'ai trouvé chez lui la plus grande variété, depuis les meubles les plus riches jusqu'aux meubles les plus simples; toutes les conditions de fortune y sont prévues; et la médiocrité des prix, n'enlève rien à la nouveauté à l'art et au goût des différens objets. Le prince du sang, et l'étudiant peuvent s'y rencontrer, l'un pour meubler un palais, l'autre pour garnir son logis; tous deux resteront surpris de ce que l'intelligence peut faire pour répondre à tous les vœux.

Dénière et ses bronzes ne pouvaient pas être oubliés; c'est une nouvelle féerie; on ne saurait croire au faste et aux largesses d'une sembla- ble fabrication : jamais on n'a révélé une alliance plus complète de l'art et de l'industrie. Tous les siècles, tous les ordres, tout ce que nous a trans- mis le génie des grands artistes, y a ses inspira- tions. A côté de mes acquisitions, dont j'avais pourtant lieu d'être fière, tant il y a d'éclatante perfection dans leur beau travail, je contemplais les pièces les plus considérables que la fabrique de bronze ait exécutées; des vases, des groupes, des sujets compliqués, des surtout immenses, et des lustres gigantesque prêts à partir pour toutes les résidences européennes, et à porter au loin la renommée de l'industrie française.

Je voulais en finir avec les grands achats; je me suis fais conduire chez Parquin; et là, j'ai choisi en plaqué, un service et des pièces d'orfé- vrerie, tout à fait dignes de la supériorité des meu- bles de Vacher, et des bronzes de Dénière; l'har- monie est, selon moi, une des premières condi- tions du beau; ils faut remercier les soins et les lumières de ceux qui ont si bien réussi à l'obtenir par le concours des meilleures facultés de l'homme.

La journée s'avançait et j'avais pour moi-même de ces affaires qu'une femme n'ajourne jamais volontiers.

Je me suis fait descendre chez Thiébaut Guichard, et j'y ai remué à pleines mains des étoffes de tous genres, des soieries divines, des châles qui éblouissaient, des mousselines de laines chaudes et légères comme un nuage de cachemire; j'ai causé gravement; mon choix, guidé avec sûreté, a fait ses commandes, de manière à n'emporter de cet endroit que le désir d'y revenir souvent.

Chez Barennes, on m'a montré des coiffures, à donner des attraits aux plus laides, et tu me permettras, ma chère Emilie, de croire que j'ai de quoi n'être pas ingrate envers les atours qui font quelque chose pour mon visage. Je suis sortie de chez Barennes, bien satisfaite et de lui et de moi.

Les gants de Mayer, sont les seuls que puisse porter une main qui tient à avoir quelque physionomie, et à obtenir quelque considération dans le monde. Rien de plus souple, de plus moëlleux, et de plus coquet que cette peau, qui donne à la fois de la grâce et de l'adresse à la main qu'elle recouvre. C'est chez Mayer qu'on apprend tout ce qu'il y a dans le choix d'un gant; la perfection de la main joue, comme tu le sais , un grand rôle dans la beauté des femmes. Le goût peut corriger les défauts, compromettre ou rehausser les plus précieuses qualités.

Ensuite j'ai vite couru chez Guerlain. Je ne sais où j'ai lu que Dieu avait donné aux hommes deux choses pour charmer la vie ; les femmes et les parfums. Toutes les fois que j'entre chez Guerlain, je me souviens de ces paroles. Il a si bien compris ce que la santé, le plaisir et le bien-être peuvent demander aux jouissances de l'odorat ! Il a si bien compris tous les mystères de notre coquetterie intime. Pour bien des femmes, un parfumeur est un confesseur. Guerlain a créé des variétés de senteurs sans nombre. Il a imité les amateurs de tulipes et de dalhias ; il a donné à ses parfums nouveaux les plus beaux noms de l'aristocratie européenne ; c'est une ressemblance de plus avec les fleurs.

Duvelleroy nous a rendu l'éventail ; il l'a doué de tant d'éclat et tant d'esprit, qu'il en a fait le complément obligé de toute toilette recommandable. Nos mœurs s'accomodent fort bien de ce gentil objet ; il semble qu'un éventail ajoute quelque chose aux grâces du maintien et

de la conversation ; mais ce sont là des mérites ex-
cellens dont Duvelleroy a seul retrouvé le secret.

A propos.... nous filerons cet hiver ; Duvelleroy a remplacé le vilain rouet par le meuble le plus
élégant et le plus gentil du monde ; cela s'appelle
un *Filoir*. En un instant on devient aussi habile
que l'était la reine Berthe ; nous avons résolu de
filer pour les pauvres et aussi pour nous, car le
filoir a tout prévu : pendant ce temps-là, une de
nous fera la lecture du livre à la mode. Ce sera
délicieux, n'est-ce pas ?

Ma liste ne finissait pas, j'avais encore vingt
magasins à bouleverser ; il fallait causer avec le
sellier ; chercher des porcelaines, des cristaux ;
m'enquérir d'un cordonnier sans défauts ; les
plumes, les fleurs, les fourrures, les bijoux, mes
tapis et mes tentures, et bien d'autres choses ré-
clamaient aussi mes soins ; mais, pour tous ces
objets, je n'avais que des adresses incertaines, et
je suis bien décidée de ne m'adresser qu'aux bons
faiseurs.

Je mourais de faim ; mais on m'a assuré qu'il
était de plus mauvais ton de s'arrêter chez les pâ-
tissiers ; il n'y a que quelques Anglaises qui, en

plein jour , se bourrent de petits gâteaux dans une boutique.

J'ai été chez Liébaut, faire ma commande de bonbons ; j'aime cette maison , parce qu'elle ne fabrique pas seulement des friandises ; mais des jouets sucrés qui amusent le regard avant de flatter le palais. La loyauté des prix est aussi un motif de préférence.

Les livres de Curmer occupent vraiment une place d'élite dans les cadeaux d'étrennes ; ces sortes de présens ont sur les autres un avantage réel , celui de la durée. Curmer a su faire de ses publications des objets d'art, qu'on tient à conserver ; ses livres ne sont pas seulement un don passager ; ils portent avec eux une pensée d'avenir.

Tu m'as parlé , ma toute belle, de livres que tu veux faire relier avec des écussons ; Simier a le plus bel atelier héraldique dont tu puisses te faire une idée, outre l'incontestable supériorité de ses reliûres si connues, il est le seul qui possède les armes de tous les pays et les blasons des grandes maisons de l'ancienne et récente aristocratie européenne : c'est à lui qu'il faut s'adresser. A ton retour, nous irons chez Simier.

Au moment où ma voiture quittait la rue de Richelieu, j'ai vu passer Alfred N*** ton cousin ; il a fait, fort cavalièrement, arrêter les chevaux, et au lorsque je me préparais à le gronder de cette liberté grande, il s'est excusé en me proposant de venir dîner avec lui au café anglais, — « C'est une renaissance, me disait-il, toute la fashion parisienne reprend possession de son endroit favori ; il y a pour l'exploitation nouvelle, des garanties assurées, et les promesses seront des vérités. Paris vient de reconquérir un établissement cher à tous les gais souvenirs, et dont la réouverture est une fête pour tous les estomacs qui se piquent de savoir-vivre,

Je ris encore de cette boutade qu'il a prononcée avec l'enthousiasme le plus sincère.

Sans m'arrêter à la proposition d'Alfred, je me fis ramener chez moi ; j'étais accablée de fatigue ; j'ai tout de suite sonné mademoiselle Lise, et avant qu'elle songeât à me déshabiller, je lui ai dit de me faire apporter un potage des pâtes de Groult. C'est, à mon avis, un des alimens les plus agréables et les plus sains ; il répare les forces en un instant, et l'hiver dernier nous avons toutes applaudi à son introduction dans les bals ;

on l'offrait sur des plateaux, dans des bols du Japon, et l'on pouvait ainsi attendre le souper sans tomber d'inanition.

Je relis ma lettre, et je m'aperçois que tout en me moquant de ton exigeance qui me demandait une espèce de mémoire, j'ai cédé à ta prière.

J'ai encore un conseil à te donner : ne parle que fort peu de tes voyages ; nous avons lu tous les pays que tu as vus ; d'ailleurs, on raconte cette année d'étranges choses sur les parcimonies de quelques-uns des plus orgueilleux touristes. On rit de la déconvenue du baron d'O... qui prétendait meubler, au dépens des banques de jeu, la maison qu'il appelle son hôtel du faubourg et qui a perdu une année de son revenu. Est-il vrai qu'à Baden, à un bal de la grande duchesse, la toute belle comtesse de C.... ait laissé voir, dans sa noire chevelure, un filet argenté, qui traduisait fort indiscrètement son acte de naissance? Nous sommes ici à l'abri de ces grosses infortunes; une visite aux salons de madame Jeannet, nous préserve de ces perfidies; sous la main de l'adroite épileuse, chaque heure fait disparaître des années.

Lorsque tu reviendras à Paris, nous reverrons

ensemble tous les magasins dont je t'ai parlé ; les concerts seront brillans et nombreux , pour s'y produire avec quelque éclat, nous étudierons ensemble des romances nouvelles ; Catelin , notre éditeur ordinaire, m'en a adressé de ravissantes ; les œuvres de madame Molinos-Laffitte , les savantes mélodies de M. Millet, parmi lesquelles tu distingueras *Petit oiseau* et *Pyrénées* , et surtout la dernière publication du comte d'Adhémar, *Madre Felice*, suave dormeuse, dont plus d'une partition peut envier le succès. Dans tes voyages, n'as-tu pas entendu parler de la voix de Couderc qui fait, avec ce chant , les délices du midi ?

. . . .

. . . .

Après le diner, on m'a conduite au Théâtre-Italien ; madame Pauline-Viardot nous réserve pour cet hiver d'ineffables enchantemens ; c'est une admirable organisation musicale !

Adieu ! le sommeil fait tomber le plume de mes mains. . . . . j'éprouve la plus douce sensation , on a eu la bonne idée de faire chauffer mes appartemens par le calorifère Lecoq ; la température y est toujours égale ;

j'espére échapper ainsi, cet hiver, à tout ce que j'ai souffert l'hiver dernier.

Adieu, ma chère Emilie, mademoiselle Lise me fait signe que mon lit est mollement et douillettement attiédi par le chauffe-lit que Parquin vient d'inventer; je cours me blottir dans mes draps.

Ton amie,   MATHILDE.

—

BADOUREAU.
Typ. Lacrampe et Comp

LE RETOUR.

—

I

Dans la matinée du 19 mars 1786, c'était fête au château de Foncrose, castel, dont les constructions mesquines affectaient des formes gothiques; ce manoir était situé sur une petite colline qui dominait une des plus riantes vallées du Périgord, non loin de la principale ville de la province.

A cette époque, malgré le progrès de certaines idées, dont l'influence, après avoir agité les salons de Paris et de Versailles, se faisait déjà sentir dans les régions moins élevées, la province était encore soumise à toutes les exigences du régime ancien ; on y respectait la noblesse et le clergé, et les vieilles traditions y régnaient paisiblement ; quelques châteaux seuls maudissaient ce qu'ils appelaient la détestable philosophie.

Ce jour-là, l'héritière des Foncrose, la jeune et belle Amélie se mariait.

Amélie ne reçut la nouvelle de son mariage qu'au couvent. Elle n'avait pas encore douze ans; selon l'usage, elle n'avait pas même vu celui qu'on lui destinait pour époux. Madame la marquise de Foncrose avait tout arrangé elle-même ; elle s'était ensuite rendue, non sans quelque solennité, dans la sainte maison où elle faisait élever sa fille, et l'avait prévenue qu'elle allait se marier. La pensionnaire n'avait vu dans cette nouvelle que le congé et le jour de sortie qu'elle lui apportait. En apprenant qu'elle rentrerait au couvent après ses noces, elle eût pu demander, comme l'avait fait une de ses camaradés, si on la ferait sortir pour ses couches.

Pendant que les préparatifs de cette journée occupaient tous les habitans de Foncrose, un peu retirés de ce bruit, nous examinerons à loisir les personnages qui passent sous nos yeux.

La marquise de Foncrose est jeune encore ;

elle n'a pas trente ans, mariée elle aussi sans avoir quitté le couvent, elle fut deux ans après son mariage enlevée par son mari qui en était éperdûment amoureux ; il la conduisit à Versailles.

M. le marquis de Foncrose était de bon et ancien lieu ; il avait une fortune qui, sans être considérable, lui assurait dans le monde un état digne de sa naissance ; il avait trente-deux ans, il était beau et plein de distinction, il était tendre et passionné ; sa femme l'aima.

Dans la société où ils vivaient tous deux, c'était un contre-sens.

Le marquis entoura la jeune femme dont le sort était confié à son amour de tout ce qui pouvait rehausser les attraits dont elle était pourvue, et la fit radieuse d'éclat et de plaisirs. La marquise accepta tout, en véritable enfant gâté ; il lui semblait tout naturel d'être adorée par l'homme qu'elle aimait ; elle ne lui avait aucune obligation de ce qu'il faisait pour elle ; les plus fastueuses extravagances lui arrachaient à peine un sourire ; l'humble austérité de l'éducation qu'elle avait reçue en Périgord n'avait laissé aucune trace dans ses goûts ; elle n'eut pas même la peine de s'habituer à ce luxe et à cette opulence : elle vivait au milieu de ces splendeurs comme si elle y était née.

A ce train le marquis se ruina ; il fut tué dans un duel, pour une dispute qu'il eut à la sortie de l'Opéra, avec un mousquetaire qui avait ramassé le bouquet que sa femme venait de laisser tomber.

Madame de Foncrose était enceinte lors de la mort de son mari ; après lui elle ne trouva qu'un douaire fort mince, et qui ne suffisait pas pour vivre à Versailles. Elle se retira dans son château. De cette vie si brillante et si agitée, la marquise n'avait rapporté que des regrets et le découragement. Le culte fanatique dont elle avait été l'objet, lui avait donné une hauteur qui n'admettait aucune contradiction ; elle s'irrita contre l'impérieuse nécessité qui la frappait si cruellement, et ce fut avec des accès de rage qu'elle se sépara de Versailles et de la belle existence dont elle y avait joui. La cour avait laissé intactes ses mœurs ; mais son cœur s'y était flétri et desséché ; à force d'être tant aimée, elle avait adopté pour elle-même les sentimens qu'elle inspirait aux autres ; à mesure qu'elle voyait croître l'amour de son mari, elle sentait s'augmenter en elle l'égoïsme et l'amour-propre ; elle en vint à se regarder très franchement comme quelque chose d'incomparable.

La solitude où la plaça la mort de M. Foncrose, quelques propositions qui froissèrent à la fois son orgueil et sa pudeur, la ramenèrent toutefois à de sages réflexions ; l'honnêteté et la raison n'avaient pas péri dans le naufrage de ses affections, elle revint en Périgord après avoir donné le jour à Amélie.

M. de Foncrose avait dans sa famille ce que l'on est convenu d'appeler des espérances ; il était l'héritier de parens riches ; en vertu des conventions particulières, ces successions devaient échoir aux enfans qui naîtraient de lui, sans aucune distinction de sexe ou de primogéniture ; telle était la loi du contrat.

Amélie était donc un parti que bien des vœux pouvaient convoiter. Les prétendans ne manquèrent pàs autour d'elle. Ses premières années s'étaient passées exprès de sa mère qui lui avait toujours témoigné une vive tendresse. A l'âge de huit ans, elle était entrée au couvent où elle était restée depuis quatre ans. Amélie avait une grâce charmante ; elle était blonde , et ses yeux bleus se cachaient sous des sourcils bruns ; des cils bruns bordaient ses paupières ; elle avait dans toute sa personne une délicatesse infinie ; sa taille, son visage, ses mains admirables de finesse, des pieds merveilleusement modelés, tout en elle avait un caractère de miniature délicieuse ; la beauté et l'harmonie de ses formes si frêles, mais si légères et si parfaites, révélait une sensibilité exquise.

C'était un corps qu'une secousse eût brisé , un cœur qu'une émotion eût anéanti.

La marquise qui voulait marier promptement sa fille, comme si la présence de cet enfant contrariait de mystérieux desseins, ne songea point un seul instant à consulter l'inclination d'Amélie. Madame de Foncrose cherchait un mari bien épris, et qui dans les transports des premiers instans consentît, non seulement à ne pas recevoir de dot, mais à renoncer, au nom de sa femme, à certaines éventualités de successions. Elle resta ferme et constante dans ce projet ; elle n'accorda aucune attention à ceux qu'elle désespérait d'amener à ses vues.

La beauté d'Amélie avait fait beaucoup de bruit

dans la province ; le comte de Chancelade, dont la vieillesse cherchait une compagne jeune et aimable, résolut de demander à madame la marquise de Foncrose la main de sa fille. La mère parla avec sincérité ; elle ne laissa rien ignorer de ce qu'elle souhaitait : le comte ne repoussa aucune des conditions qui lui étaient faites, et dès la première entrevue on tomba d'accord sur toutes les clauses.

Le consentement d'Amélie ne fut pas même mis en doute ; madame la marquise répondait de sa soumission.

C'était ce mariage que l'on allait célébrer ; Amélie n'avait pas douze ans, le comte en avait cinquante.

II.

Les apprêts du mariage avaient mis en émoi tous les habitans de Foncrose ; la veille, mademoiselle Amélie avait été amenée du couvent ;

elle s'était couchée avant le souper, pendant que sa mère, le comte et le notaire achevaient de régler quelques arrangemens. Réveillée dès le matin, après avoir passé une heure dans les mains de mademoiselle Ursule, la femme de chambre de madame la marquise, Amélie était descendue au salon, dans le plus élégant négligé ; là elle avait signé le contrat ; elle voyait le comte pour la première fois.

Jusqu'à ce moment, rien n'avait altéré la naïve sérénité des traits d'Amélie ; elle avait conservé dans son maintien, sur son visage et dans ses paroles toute l'insouciance de son âge ; elle semblait ne rien comprendre à ce qui passait autour d'elle ; mais dès qu'elle eut jeté les yeux sur le comte, il s'opéra en elle un changement subit ; sa physionomie tout entière fut bouleversée par une impression douloureuse.

Ce fut sans joie qu'elle se livra aux femmes qui l'entouraient pour l'habiller et la coiffer ; ce fut sans gaité qu'elle regarda les parures, les bijoux et tous les miracles de la corbeille ; ce fut sans plaisir et presqu'en frémissant qu'elle sentie poser sur sa tête la fraîche et blanche couronne de fleurs d'oranger, ce symbole nuptial de la chasteté de la jeune fille et de la pudeur de l'épouse. Tout à l'heure c'était un enfant indifférent à ce qui disposait de sa destinée ; maintenant c'était une victime dolente et résignée.

Amélie n'avait cependant pas de passion dans le cœur ; souvent, en accompagnant au parloir une de ses amies mademoiselle Alix de Durande, elle avait rencontré M. le chevalier de Durande, le frère d'Alix ; les yeux de la jeune fille s'étaient complaisamment arrêtés, sans doute, sur ce jeune homme, dont l'extérieur avait tout ce qui dénote la noblesse ; elle recherchait son entretien parce qu'il parlait avec bonté, et elle n'avait jamais caché le contentement qu'elle éprouvait à le rencontrer.

Aucune parole d'amour n'avait été échangée entre eux.

Amélie se souvenait seulement que lorsque la nouvelle de son mariage vint l'arracher au couvent, Alix lui avait dit, en se séparant d'elle : « Cela fera bien de la peine à mon frère. »

A peine avait-elle entendu ces paroles.

Mais quand elle eut vu M. le comte de Chancelade, lorsqu'avec tous ses jeunes instincts elle devina que c'était près de ce hideux vieillard qu'elle devait passer ies meilleures années de sa vie, elle sentit une révolte générale soulever et son cœur et ses sens ; elle fut prête à s'évanouir. Alors, elle vit passer devant les yeux Alix et M. de Durande ; son souvenir caressa amoureusement cette noble image, et une comparaison, rapide comme la pensée, lui arracha une larme. Madame de Foncrose, dont les yeux ne quittaient point Amélie, s'aperçut de cette émotion soudaine ; elle lança à sa fille un regard dans lequel elle renferma tout ce que sa domination avait d'inflexible. Amélie chancelante et timide, ne sachant d'ailleurs comment rompre des choses qu'elle avait laissé aller si loin, marcha, et s'avança vers l'autel, triste, abattue et soumise.

L'ordre de la cérémonie était pompeux ; le marquis rappelait dans sa mise les modes des premières années du siècle ; il avait la tenue des seigneurs de la cour de Louis XV ; il était étincelant de broderies, et couvert de diamans ; il avait des dentelles à profusion ; il portait sous le bras son chapeau empanaché ; il s'évertuait à prendre des manières de roué, mais tout son corps craquait sous ses efforts : c'était une fort divertissante caricature du dernier des Lauzun et du vieux Richelieu.

La marquise avait adopté des habits sévères ; elle avait choisi des couleurs sombres ; sa robe était ample et traînante, sans paniers ; sa coiffure était simple, peu de dentelles, mais disposées avec largeur ; point de nœuds de rubans, point de rouge, point de mouches, peu de poudre ; et au lieu d'éventail, un missel à coins et fermoir de vermeil ciselé ; son regard paraissait doux et tranquille, mais il entraînait sa fille par une violence secrète, sous laquelle celle-ci succombait.

Les gens de la maison accompagnaient les deux époux : le domestique de la marquise de Foncrose, malgré l'exiguité de ses ressources, était nombreux ; à la tête des gens marchait l'intendant, vêtu de noir, et mademoiselle Ursule, dont la toilette, la démarche et tout le maintien avaient une dignité grotesque.

Sans la parure de la fiancée, et sans les airs évaporés du comte, on aurait pu croire qu'il s'agissait plutôt d'une prise de voile que d'un mariage.

Au dehors, les paysans, en habit de fête, faisaient retentir des cris d'allégresse avec des décharges de mousqueterie ; la petite église du village qu'on avait préféré à la chapelle seigneuriale, avait mis ses plus beaux ornemens, et quelques fleurs paraient l'autel que tous les arbustes des serres du château encadraient et couvraient de verdure.

Au moment où le prêtre bénit les deux époux, lors qu'Amélie, après avoir reçu l'anneau, répondit : oui ! On vit derrière le seul pilier de la nef, se glisser une figure ; et en même temps un soupir, faible comme un murmure de la brise se fit entendre, puis l'ombre svelte aux contours déliés s'échappa. Amélie le vit ; sa pâleur devint mortelle ; elle poussa un cri de souffrance ; sa mère la soutint ; elle était prête à tomber sur les marches de l'autel ; il fallut pour revenir au château qu'elle s'appuyàt sur le bras d'Alix de Durande, qui lui servait de demoiselle d'honneur.

L'aspet ducortége était morne, presque sinistre, et formait un affligeant contraste avec les témoignages de félicitations qui retentissaient de toutes parts.

Au château, dans les appartemens, il n'y eut pas de fête ; on se réunit autour d'une table avec toute la gravité qu'imposait l'acte accompli dans cette journée.

Dans le parc et dans les cours, les paysans et les gens du château célébraient joyeusement la noce de leur jeune maîtresse. Amélie fut jusqu'au soir d'une mélancolie que rien ne pouvait dissiper ; à l'entrée de la nuit, quand le comte la fit avertir que le moment était venu de partir pour Chancelade, elle demanda à embrasser sa mère, on lui répondit que madame la marquise venait de partir pour Versailles.

III.

Madame de Chancelade, un peu surprise d'abord de ne pas retourner au couvent, s'éleva tout à coup à la hauteur des nouveaux devoirs qui lui étaient imposés ; elle se trouva, en même temps, et par la seule force de sa volonté, au niveau des souffrances qu'elle entrevoyait, comme la condition nécessaire de son mariage. La femme prit tout à coup la place de l'enfant.

Il y avait dans l'âme, dans l'esprit et dans le cœur d'Amélie, une vertu originelle qu'on ne pouvait ni vaincre, ni fléchir ; l'éducation n'avait fait que développer en elle l'humilité courageuse dont elle portait le germe ; elle entrevit toute l'horreur de sa position ; elle ne se dissimula aucun des dégoûts qui l'attendaient, elle se trouva ferme contre cette adversité qui frappait sa jeunesse.

M. le comte de Chancelade ne se crut obligé, vis à vis d'un enfant qu'il avait en quelque sorte acheté, qu'aux ménagemens indispensables que commandait l'âge d'Amélie ; il ne tarda pas à manifester, dans toute leur hideuse nudité, l'égoïsme de ses goûts ; sa vieillesse fut sans pitié, et plus d'une fois il semblait se repentir de ce qu'il appelait la violence qu'il faisait à ses ardeurs.

Si la jeune fille eût trouvé dans son vieil époux les égards et l'affection auxquels tant de grâces et tant de vertus lui donnaient des droits sacrés, elle eût pu reporter sur lui les élans de la tendresse filiale que sa mère avait comprimés, et dont une mort prématurée avait privé son père. Mais elle n'éprouva que des impressions funestes et une répulsion dont elle s'accusait comme d'un crime.

Nous n'entrerons pas dans le détail de ce supplice de tous les jours et de ce tourment de toutes les heures ; Amélie, soumise aux caprices du vieillard, rappelait l'épouvantable martyre qui attachait un être vivant à un cadavre. Pas une plainte, pas une larme, ne trahissaient sa douleur ; son seul gémissement était sa pâleur ; ses yeux se creusaient mornes, ternes et languissans, et entourés d'un cercle profond, jaune et violacé.

Le comte ne daignait pas s'apercevoir de ces symptômes d'affliction ; il suivait, avec la plus cruelle impassibilité le cours de ses habitudes.

Amélie ne sortait jamais du domaine de Chancelade ; son époux affectait des dédains qui le séparaient de toute la contrée. Plusieurs fois elle avait écrit à sa mère ; ses lettres étaient restées sans réponse. Cependant une consolation adoucissait ses peines, calmait ses ennuis et parvenait même quelquefois à dissiper ses chagrins. Une seule personne avait trouvé grâce devant la rigide et hautaine attitude de M. le comte de Chancelade ; M. de Durande, le frère d'Alix, sans trop oser se rendre compte des motifs de sa conduite, avait capté, sinon l'amitié, du moins le bon accueil du vieux gentilhomme ; pour atteindre ce but, il avait complaisamment flatté les fantaisies et les goûts de l'époux d'Amélie, et il avait obtenu un accès facile auprès de la jeune femme.

Amélie trouvait dans la société de M. de Durande, quelque chose de si doux et de si consolant, qu'elle se laissait aisément aller à cette familiarité et à cette effusion qui, au milieu de tant de maux était son seul bien.

Souvent, lorsqu'elle élevait vers Dieu ses regards si tristes et ses pensées si affligées, lorsqu'elle demandait à la prière, la patience et la résignation, elle sentait retentir au fond de son cœur comme un cri de reconnaissance qui remerciait le ciel d'avoir placé près d'elle un ami : c'était le seul nom qu'elle osât donner à M. de Durande.

Les deux jeunes gens ne s'étaient rien dit et ils s'étaient tout confié ; ils connaissaient leur mutuel amour, leur désespoir commun, et les regrets qui désolaient pour eux le passé et l'avenir. Tous deux avaient échangé, sans prononcer une seule parole, le serment de rester purs et jusqu'à la fin dignes de leur sainte affliction. Leur union était celle des anges.

Sept années s'écoulèrent dans ces muets épanchemens.

IV.

La révolution avait bouleversé le sol de la France ; déjà le calme avait succédé à cette terrible tourmente ; le pays renaissait à l'espoir et partout semblait poindre sur nos destinées une clarté glorieuse.

C'était en 1805.

A cette époque, la société, si long-temps agitée par les plus pénibles émotions, cherchait le plaisir avec une avidité nouvelle ; toutes les villes suivirent, de loin, l'impulsion que leur communiquait Paris, qui s'abandonnait à une voluptueuse dissolution.

Madame de Chancelade et M. de Durande habitaient Périgueux ; les évènemens récens avaient apporté de notables changemens dans leurs position respective. M. de Durande, sans s'être mêlé au mouvement révolutionnaire, avait vu ses talens appréciés et recherchés par le régime nouveau ; il remplissait dans l'administration du département des fonctions importantes. Le mari de madame de Chancelade s'était éloigné, sans qu'il fût permis à sa femme de le suivre dans l'émigration, et sans qu'elle eût pû sauver ses biens. madame de Foncrose était morte depuis plusieurs années. M. de Durande avait fait d'inutiles efforts pour épargner à Amélie une partie de ces désastres : elle avait tout perdu ; au moment où M. de Chancelade l'avait quittée, elle avait donné le jour à une fille.

Plus tard, pour elle et pour son enfant, elle se souvint des talens qu'elle devait à son éducation ; au moyen de quelques leçons de harpe elle s'était procuré une existence modeste et qu'elle savait rendre honorable. Sa beauté n'avait point souffert de ces commotions ; elle avait même trouvé, dans une tranquillité qui lui était inconnue, une sérénité favorable à ses attraits. Elle avait trente-un ans, et son visage brillait d'un éclat que tempérait une suave et mystérieuse mélancolie.

Ceux des émigrés qui avaient voulu revenir en

France étaient rentrés; les mesures sévères qui s'étaient d'abord opposées à toute communication avec eux n'existaient plus; on avait aisément des nouvelles des parens et des amis qu'on ne revoyait plus.

M. le comte de Chancelade, malgré son âge, avait pris du service dans l'armée de Condé; on savait qu'il s'était vaillamment battu, et, après un combat de nuit, dans un des défilés de la forêt Noire, il avait disparu, sans que la retraite eût permis de constater s'il était mort ou prisonnier de guerre.

Longtemps l'incertitude la plus complète régna sur le sort de M. de Chancelade. Amélie, avec une angélique chasteté, demandait chaque jour à Dieu le retour de son époux; cette prière était pour elle l'expiation des vœux secrets qui l'importunaient et l'humiliaient à ses propres yeux.

Elle fuyait le monde et se tenait éloignée de toute distraction; depuis la disparition de son mari, elle avait exigé que les visites de M. de Durande fussent moins fréquentes et moins longues.

Un ami de M. le comte de Chancelade donna

enfin sur lui les détails les plus précis ; il combattait à côté de lui dans l'affaire après laquelle toute nouvelle avait cessé ; il l'avait vu tomber et il l'avait porté, expirant, dans une chaumière voisine ; le comte avait été frappé d'un coup mortel. On indiqua des témoins, on désigna les lieux avec précision, on rappela les dates avec exactitude, et ce récit fournit tous les moyens d'arriver à la connaissance parfaite de la vérité.

Une correspondance active leva bientôt tous les doutes ; on se procura même un acte de notoriété publique, dont la teneur remplaçait l'acte de décès de M. le comte de Chancelade.

Amélie et sa fille prirent le deuil. Pendant toute la durée du temps prescrit pour cet hommage rendu à la mémoire de l'époux de madame de Chancelade, M. de Durande, resté célibataire, redoubla d'assiduité auprès d'elle et laissa entrevoir les espérances qu'il concevait. Amélie évita d'abord ces dangereux entretiens, puis, elle déclara formellement qu'elle voulait achever sa vie dans le veuvage.

V.

Il s'exerce dans les petites villes une tyrannie singulière : c'est une persécution morale aux obsessions de laquelle on ne peut se soustraire. Il y a des gens qui pénètrent de vive force dans les affections, et qui prétendent, bon gré, malgré, régler l'existence de chacun. Le mariage est surtout le point de mire de ces importunités fâcheuses ; dans ces arrangemens, les dernières personnes que l'on consulte, pour faire et défaire le alliances, sont toujours celles que cela intéresse le plus. Il y a deux variétés bien distinctes dans l'espèce des vieilles filles : les unes ne se consolent du célibat qu'à force de marier les autres, comme les poltrons qui sont témoins obligés de tous les duels ; les autres n'oublient leur solitude qu'en empêchant toutes les unions.

La société de Périgueux n'était pas exempte de ce fléau ; les salons de la ville s'étaient ouverts aux jouissances nouvelles : les dîners si florissans dans cette patrie de la truffe, les bals, les concerts et les réunions ramenaient cette urbanité de mœurs que la révolution avait si fort effrayée.

L'année du deuil de madame de Chancelade était expirée; elle était l'âme de toutes les réunions musicales; on était parvenu à vaincre ses répugnances; elle présidait à toutes les soirées mélodieuses. M. de Durande était l'ordonnateur des fêtes de musique; fort habile sur la flûte, il faisait sa partie avec distinction; on aimait surtout les duos charmans qu'il exécutait avec madame de Chancelade. La harpe de l'une et la flûte de l'autre avaient ainsi de délicieux entretiens; quelquefois la vérité de l'expression était telle qu'il semblait que l'âme des deux musiciens passît tout entière dans leurs accords, et, au sein de ces harmonies, vibraient pour eux seuls les plus enivrantes souvenances.

Amélie se livrait sans défiance à ces entraînemens.

Bientôt, dans la ville, on ne sépara plus le couple concertant; on ne pouvait en les regardant tous deux, se défendre d'une indéfinissable attraction; tous, en les voyant, se prenaient à partager la sympathie qui les poussait visiblement l'un vers l'autre.

On résolut de les marier.

M. de Durande allait au devant de ce projet; il avait si souvent exprimé des vœux toujours repoussés !

Amélie fut assaillie de toutes parts; c'en était fait de son repos. Vainement elle opposait la constance de ses résolutions, vainement elle parlait de ses anxiétés secrètes; à ses yeux la mort de M. de Chancelade n'était pas certaine.

On lui répondait par des preuves authentiques; on lui rappelait le grand âge de celui dont elle avait porté le deuil ; s'il vivait encore, il serait rentré en France; on lui faisait ensuite une loi de prévoyance maternelle de ne pas repousser une alliance qui garantissait à sa fille bien-aimée une position propice à son entrée dans le monde..... Un regard de M. de Durande achevait ces plaidoyers et leur donnait une formidable puissance.

Vaincue, touchée, attendrie et incapable d'une plus longue résistance, Amélie consentit à tout ce qu'on attendait d'elle.

Le jour du mariage de madame la comtesse de

Chancelade avec M. de Durande fut un jour d'allégresse pour toute la ville.

Les yeux seuls de celle que, pour la seconde fois, on conduisait à l'autel étaient voilés par un nuage qui rappelait à son nouvel époux la tristesse des premières noces.

VI.

Huit mois s'écoulèrent sans que rien troublât le bonheur de M. et de madame de Durande. Amélie elle-même avait chassé toutes ses idées sombres et inquiétantes ; elle augmentait sa félicité présente par le souvenir de ses malheurs passés ; elle allait devenir mère, et c'était avec des transports de joie qu'elle voyait s'approcher le terme de sa grossesse.

Auprès d'elle sa fille croissait belle et joyeuse.

Un jour, elle se préparait à recevoir une nombreuse société d'amis pour fêter la naissance de son mari ; elle n'avait rien négligé de tout ce qui pouvait donner à cette solennité de la famille un aspect resplendissant ; tous ses gens étaient sur pieds, et elle-même, après avoir présidé aux derniers apprêts, s'était retirée dans son appartement afin d'achever sa toilette ; sa fille lui présentait en riant ses fleurs et ses bijoux....

Des coups de sonnette violens et répétés se firent entendre à la porte d'entrée ; Amélie, impatientée de voir qu'aucun de ses gens ne se dérangeait pour introduire celui qui s'annonçait avec tant de fracas, courut elle-même pour les remplacer ; sa fille la suivait.

En ouvrant la porte, elle jeta rapidement les yeux sur le nouveau venu, et, sans pousser un seul cri, elle tomba morte à ses pieds.

C'était M. de Chancelade !

VII.

Le comte disparut de nouveau. M. de Durande quitta le Périgord. Bien des années après cet événement, on le vit promener sur les bancs de nos assemblées législatives une inconsolable rêverie.

C'est lui que ses collègues ont long-temps appelé *le philosophe.*

NINON DE LENCLOS. (1)

—

Nous ne sommes pas de ceux qui croient que
le vice puisse ajouter quelque chose aux attraits
d'une femme ; nous pensons, au contraire, fortement que la vertu est la plus belle de toutes les
parures ; mais nous voulons, avec le divin Molière,
une vertu qui ne soit pas *diablesse*, et nous ne
regarderons jamais comme des conseils funestes
ce qui peut enseigner le don de plaire.

(1) **Plusienrs** contemporains de Ninon l'appellent de
Lanelos ; elle-même signait ainsi ; mais l'antorité des
biographes et des chroniqueurs, à la tête desquels nous
placerons Tallemant des Réaox, a fait prévaloir le nom
de *Lenelos.*

Ce n'est donc point comme un modèle de conduite que nous proposons Ninon de Lenclos, mais c'est comme l'exemple le plus parfait et le plus constant des grâces, de l'élégance et de tout ce qui charme, séduit et fait aimer.

Dans un appartement qui occupait le premier étage d'un corps de logis, situé au fond d'une cour, rue des Tournelles, était réunie la plus brillante société.

C'était en 1664 ; l'élite des courtisans et des beaux-esprits de ce temps avait déserté Versailles et les ruelles pour se réunir dans un salon où régnait une femme, reine qui n'admettait à se cour que ceux que son cœur choisissait. Le salon dans lequel se tenait cette noble assemblée s'éloignait, par ses dispositions et par ses ornemens, de la grave et majestueuse magnificence du grand siècle ; son faste coquet, ses ajustemens et ses meubles affectaient plutôt les voluptueuses fantaisies que la Renaissance avait empruntées à l'art italien.

On était là attentif et respectueux comme au lever du roi ; les uns assis sur des siéges, formaient un demi-cercle, les autres étaient debout derrière les fauteuils ; la dame de céans occupait le centre, et à l'une des extrémités, un peu en avant, on remarquait debout, un manuscrit à la main, un homme de stature élevée et de belle prestance, sans embonpoint ni maigreur. Son air était sérieux; les traits de son visage étaient fortement modelés; il avait le nez gros, la bouche grande, les lèvres épaisses, les yeux profonds et expressifs, les sourcils noirs et touffus, le teint brun et une étonnante mobilité de physionomie; sous l'énergie de son visage, on apercevait les signes certains d'une singulière bonté. Son costume simple formait un contraste frappant avec le luxe d'habits et d'insignes dont il était entouré; il portait la tête haute et avançait avec complaisance la jambe, qu'il avait fort belle.

La maîtresse du logis n'était pas remarquablement jolie; mais elle avait dans toute sa personne une grâce sans égale; sa taille était pleine de noblesse; sa figure n'avait pas d'éclat; il était difficile de dire par quels attraits elle brillait; mais son visage et toute sa personne étaient merveilleusement animés par une volupté que l'on contemplait avec délices; elle était radieuse d'un charme infini. Sa mise, sa coiffure, son maintien, la perfection de sa structure, mille détails charmans, le goût, la délicatesse, l'intelligence et l'harmonie qui réglaient tout en elle, réalisaient les rêves les plus poétiques.

Comme Vénus, elle n'avait pas d'âge.

Son geste commanda et obtint le silence, et la lecture commença.

C'était Molière lisant *Tartufe*, chez Ninon de Lenclos.

Mademoiselle Anne de Lenclos était née le 15 mai 1616, quarante-huit ans avant la naissance de l'œuvre qu'elle écoutait ; elle était noble par son père, gentilhomme tourangeau, et par sa mère, demoiselle d'Orléans. Les franchises de toute sa vie, elle les avait en quelque sorte apprises dès son enfance ; son père professait et lui inculqua une trop grande liberté de principes ; dès l'âge de quinze ans, elle fut livrée à elle-même.

Oublions ses désordres dont le germe tint sans doute à son éducation ; rappelons-nous et répétons avec les plus illustres de ses contemporains que si Ninon fut faible, elle ne fut jamais avilie.

Il fallait qu'elle fût douée de qualités éminentes et parfaitement aimable, la femme qui vit à ses pieds les Condé, les Larochefoucauld, les Longueville, les Colligny, les Villarceaux, les Sévigné, les d'Albret, les d'Estrées, les d'Effiat, lel Clérambaut, les Lachâtre, les Gourville ; celle qu'ont chantée tour-à-tour les Scarron, les Régnier-Desmarets, les Châteauneuf et les Saint-Evremond ; celle enfin dont Molière disait qu'is lui devait l'idée du *Tartufe*, tant elle avait peint, devant lui, l'hypocrisie avec esprit et avec vérité.

Ninon de Lenclos ne fut pas repoussée par les femmes qui honoraient le plus son sexe ; elle mérita et gagna l'affection de mesdames de **La Suze**, de **Castelnau**, de **La Ferté**, de **Sully**, de **Fiesque**, de **Lafayette** et de madame de **Maintenon**, alors que celle-ci n'était encore que la veuve du poète Scarron.

Ninon ne fit point trafic de ses charmes ; elle suivait les penchans de son cœur ; ceux qu'elle avait admis dans son intimité, perdaient le droit de lui faire des présens ; elle était sincère dans ses sentimens ; lorsqu'elle signa à Lachâtre l'engagement d'une fidélité inviolable, elle était de bonne foi ; en riant de sa promesse, elle était encore de bonne foi.

Infidèle en amour, elle était constante en amitié. Sa probité et son désintéressement étaient à toute épreuve : elle rendit à Villarceaux, sans l'avoir ouverte, la cassette qu'il lui avait confiée, tandis qu'un dévôt personnage violait le même dépôt.

Vers l'âge mûr, sa conversation attestait de bonnes lectures ; elle était familière avec les écrits de Montaigne, son auteur favori, et de Charron ; son langage attestait un esprit vif, doux et léger ; son organe résonnait délicieusement ; elle parlait l'italien et l'espagnol, elle dansait à miracle, chantait agréablement et jouait du clavecin, du luth, du téorbe et de la guitare ; elle semblait avoir été douée par les fées.

Pendant presque toute la durée de ce XVIIe siècle qui a porté si haut et si loin le renom de la politesse, de l'élégance et de l'esprit de la société française, le salon de Ninon de Lenclos fut l'école du monde; on briguait les honneurs et les avantages de cette éducation.

Châteauneuf la peignait dans ces vers :

« L'indulgente et sage nature
Forme l'ame de Ninon,
De ia volupté d'Epicure
Et da la sagesse de Caton.

Elle fut le plus ravissant atour de la gloire de

Louis XIV. Ninon disait que « *la beauté, sans grâce, est un hameçon sans appât.* »

Mourante, à l'âge de vingt-deux ans, elle disait à ceux qui s'alarmaient auprès d'elle : « *Je ne laisse au monde que des mourans.* »

Elle parlait ainsi de ses prières : « *Je rends grâces à Dieu, tous les soirs, de mon esprit, et je le prie, tous les matins, de me préserver des sottises de mon cœur.* »

Elle avait deviné Voltaire ; elle lui légua deux mille livres, pour commencer l'acquisition d'une bibliothèque.

Ninon eut sans doute plus d'une occasion de regretter la licence de ses mœurs. Mais c'est sans preuves qu'on raconte une aventure terrible : un de ses fils l'aima, dit-on, sans la connaître, et cette fatale passion le poussa au désespoir.

Elle était modeste et charitable ; elle n'humilia jamais personne ; elle rendit de nombreux services. Un jour, faute d'argent, elle jeta à un pauvre son mouchoir garni de dentelles.

Peut-on se défendre d'une secrète indulgence pour cette femme dont la grâce exquise partagea avec la puissance de Louis XIV la domination de ce siècle que l'on a appelé *grand*, entre tous les siècles ? Peut-on ne pas céder à l'admiration qu'inspire cette beauté qui, à l'âge de quatre-vingts ans, eut encore des adorateurs ?

Ninon de Lenclos mourut le 17 octobre 1706, elle avait alors plus de quatre-vingt-dix ans. Elle a été célébrée par des historiens sans nombre ; à ce propos, Voltaire que toute réputation importunait, s'écriait avec dépit : — *Il y aura bientôt autant d'histoires de Ninon que de Louis XIV.*

On a publié d'elle plusieurs *Mémoires*, et elle a à peine laissé quelques lettres !

Ninon fut un modèle accompli de grâces ; nulle femme n'a mieux montré qu'elle jusqu'où peut être poussé l'empire de ce don ineffable de l'art de plaire ; elle en a fait l'œuvre de sa vie tout entière ; elle a prouvé aux femmes quel est le pouvoir de leurs charmes.

S'il est vrai qu'il y ait au ciel une parole de pardon pour les fautes de l'amour, pourquoi Ninon ne trouverait-elle pas grâce sur cette terre ? Comment ne pardonnerait-on pas à celle qui a tant aimé ?

COMPAGNE DE L'HOMME.

—

Vers la fin du dernier siècle, un jeune poète, Legouvé, voulut venger les femmes des injures que d'autres poètes leur avaient adressées. La verve satirique de Juvénal et de Boileau, la morgue des moralistes et la colère de Pope et de Milton n'effrayèrent pas le zèle de ses louanges; il se rappelait Plutarqe et ses *Femmes illustres*, Agrippa et son poème : *De l'excellence de la femme, au dessus de l'homme*. L'Italie lui fournissait surtout de nombreux et puissans auxiliaires : Gregorio Porzio, Crist Bronzini, Lod. Domenichi, Ortensio

Landi, Vincenzo Maggi et Girolumo Ruscelli. Des souvenirs alors récens évoquaient Diderot, Thomas, Bernardin de Saint-Pierre, Grétry, Ségur-le-Jeune et d'autres noms chers à l'esprit et aux Lettres.

Legouvé publia donc un poème sous ce titre : le *Mérite des Femmes* ; cet ouvrage, dans lequel la grâce du style seconde avec élégance la pureté des sentimens, obtint un grand succès. C'est au *Mérite des Femmes* que Legouvé doit la meilleure part de sa réputation littéraire ; les vers heureux y abondent ; le cœur et l'esprit s'y prêtent un appui mutuel et s'unissent pour exprimer la pensée avec une harmonie soutenue.

Une pieuse et tendre sensibilité et une douce mélancolie ont inspiré cette œuvre.

Voici comment il annonce qu'il va parler des femmes : « Je les présente comme belles, dit-il,
» comme mères, comme amantes, comme épou-
» ses, comme consolatrices : n'ont-elles presque
» pas tous ces avantages ? Et n'ai-je pas été plus
» juste que les deux poètes qui les ont dépré-
» ciées ? si j'ai dispensé aux femmes l'éloge que
» mérite le plus grand nombre, lorsqu'ils leur
» ont prodigué le blâme qui n'appartient qu'à

« quelques unes ; si j'ai enfin raisonné d'après
» des généralités, tandis qu'ils n'ont raisonné
» que d'après des exceptions ? »

Plus loin, il ajoute : « Elles polissent les ma-
» nières ; elles donnent le sentiment des bien-
» séances ; elles sont les vrais précepteurs du bon
» ton et du bon goût. »

Nous empruntons au poëme de Legouvé la
partie la parie la plus remarquable, celle où il
peint *la compagne de l'homme*, dans tous les âges
de la vie :

. . . . Avec notre existence
De la femme, pour nous le dévoûment commence.
C'est elle qui, neuf mois, dans ses flancs douloureux,
Porte un fœuit de l'hymen trop souvent malheureux,
Et sur un lit cruel, long-temps évanouie,
Mourante, le dépose aux portes de la vie.
C'est elle qui, vouée à cet être nouveau,
Lui prodigue les soins qu'attend l'homme au berceau.
Quels tendres soins ! Dort-il ; attentive elle chasse
L'insecte dont le vol ou le bruit le menace :
Elle semble défendre au réveil d'approcher.
La nuit même d'un fils ne peut la détacher ;
Son oreille de l'ombre écoute le silence ;
Ou si Morphée endort sa tendre vigilance,
Au moindre bruit r'ouvrant ses yeux appesantis,
Elle vole, inquiète, au berceau de son fils,

Dans le sommeil long temps le contemple immobile,
Et rentre dans sa couche, à peine encor tranquille.
S'éveille-t-il ? Son sein, à l'instant présenté,
Dans les flots d'un lait pur lui verse la santé.
Qu'importe la fatigue sa tendresse extrême ?
Elle vit dans son fils et non plus dans soi-même ;
Et se montre, aux regards d'un époux éperdu,
Belle de son enfant à son sein suspendu.
Oui, ce fruit de l'hymen, ce trésor d'une mére,
Même à ses propres yeux, est sa beauté premiére.
Voyez la jeune Isaure, éclatante d'attraits :
Sur un enfant chéri, l'image de ses traits,
Fond soudain ce fléau qui, prolongeant sa rage,
Grave au frout des humains un éternel outrage.
D'un mal contagieux tout fuit épouvanté ;
Isaure, sans effroi, brave'un air infecté.
Prés de ce fils mourant, elle veille assidue.
Mais lo poison s'étend et menace sa vue :
Il faut, pour écarter un péril trop certain,
Qu'une bouche fidéle aspire le venin.
Une mére ose tout ; Isaure est déjà prête :
Ses charmes, son époux, ses joors, rien ne l'arrête ;
D'une lévre obstinée elle presse ces yeux
Que ferme un voile impur à la clarté des cieux,
Et d'un fils par degrés, dégageant la paupiére,
Une seconde fois lui donne la lumiére.
Un père a-t-il pour nous de si généreux soins ? (1)

(1) Ce trait est vrai.

Bientôt d'autres bontés suivent d'autres besoins.
L'enfant, de jour en jour, avance dans la vie ;
Et, comme les aiglons qui, cédant à l'envie
De mesurer les cieux, dans leur premier essor,
Exercent près du nid leur aile faible encor,
Doucement soutenu sur ses mains chancelantes,
Il commence l'essai de ses forces naissantes.
Sa mère est près de lui ; c'est elle dont le bras
Dans leur débile effort aide ses premiers pas ;
Elle suit la lenteur de sa marche timide :
Elle fut sa nourrice, elle devient son guise.
Elle devient son maître! au moment où sa voix
Bégaie à peine un nom qu'il entendit cent fois :
MA MÈRE est le premier qu'elle l'enseigne à dire.
Elle est son maître encor dès qu'il s'essaie à lire ;
Elle épèle avec lui dans un court entretien,
Et redevient enfant, pour instruire le sien.
D'autres guident bientôt sa faible intelligence,
Leur dureté punit la moindre négligence ;
Quelle est l'âme où son cœur épanche ses tourmeds?
Quel appui cherche-t-il contre les châtimens?
Sa mère ! Elle lui prête une sûre défense,
Calme ses maux légers, grands chagrins de l'enfance,
Et sensible à ses pleurs, prompte à les essuyer,
Lui nonne les hochets qui les font oublier.
Le rire dans l'enfance est toujours près des larmes.

Tu fuis, saison paisible, âge rempli de charmes,
Pour faire place au temps où l'homme, chaque jour,
Sort du sommeil des sens et s'éveille à l'amour.

Déjà son front se peint d'une rougeur timide,
Dans son regard plus vif brille une flamme humide ;
Son cœur s'enfle et gémit ; de ses soupirs troublé,
Tout son sein se soulève et retombe accablé ;
Dans ses veines en feu son sang se précipite ;
Son sommeil le fatigue, son réveil l'agite ;
Il s'élance, inquiet, avide, impétueux,
Il promène au hasard ses vœux tumultueux ;
Il poursuit, il appèle un bonheur qu'il ignore :
De qui l'obtiendra-t-il ? C'est d'une femme encore !
Une femme, en secret, lui rendant ses soupirs,
Rêveuse, s'abandonne à ses vagues désirs.
O première faveur d'une première amante !
Dès que sur l'incarnat d'une bouche charmante
Il a bu des baisers le nectar inconnu,
Dès qu'un nouveau succès, par degrés obtenu,
L'a conduit dans les bras de sa belle maîtresse,
De surprise en surprise au comble de l'ivresse,
Il se croit transporté dans un autre univers,
Où la terre s'éclipse, où les cieux sont ouverts.
Il ne se connaît plus, il palpite, il soupire ;
Il se sent étonné du charme qu'il respire ;
L'ivresse de ses sens a passé dans son cœur,
Il nage dans un air tout chargé de bonheur.
Sa maîtresse ! O combien son regard la dévore !
Il la voit comme un dieu que sans cesse il adore :
Son cœur brûlait hier, son cœur brûle aujourd'hui ;
Il ne sait s'il existe ou dans elle ou dans lui
Paraissent-ils ensemble au milieu d'une fête,
Son œil préoccupé ne suit que sa conquête.
Vient-il chercher sans elle le lever d'un beau jour,

Le doux exil des champs, lieu plus cher à l'amour,
Chaque objet la lui rend : l'éclat des dons de Flore,
C'est l'éclat de ce teint que la pudeur colore ;
L'azur du firmament par l'aurore éclairé,
C'est l'azur des beaux yeux, dont il est énivré ;
Le rayon du matin, c'est la douce lumière
Qui luit si tendrement sous leur longue paupière ;
Le murmure flatteur des limpides ruisseaux,
Le souffle des zéphirs, le concert des oiseaux,
C'est le son de sa voix qui répond à son âme :
Tout l'univers, enfiu, l'entretient de sa flamme.
Pour lui plus de langueurs, plus de maux, plus d'ennuis ;
L'amour remplit, enchante et ses jours et ses nuits ;
Il n'a qu'un seul objet iui l'occupe et l'embrâse ;
Et son henreuse vie est une lougue extâse.

Uu tel sort n'apparttent qu'aux cœurs vraiment épris.
L'homme, bélas ! trop souvent en méconnait le prix ;
Il cède à l'inconstance, et semblable à l'abeille
Qui cherchant des jardins l'odorante corbeille,
Dans son vol passager, des plus brillantes fleurs,
Pompe légèrement le suc et les couleurs ;
Il court de belle en belle. et ses ardeurs errantes
Lui livrent lour à tour vingt grâces différentes.
Mais ce bonheur changeant, vaine félicité,
Peut séduire ses sens, plaire à sa vanité ;
Son âme, bientôt lasse, en connaît tout le vide;
Il demande à l'hymen un lien plus solide,
Il choisit son épouse et redevient heureux !
Ce temple, orné pour lui de festons et de feux,

Ces amis unissant leur présence et leur joie,
Et la solennité que ce jour lui déploie,
Cette vierge qui vient en face des autels,
Se soumettre à ses lois par des nœuds immortels,
Et belle de candeur, de grâce et de jeunesse,
Lui donne de l'aimer la publique promesse ;
Cette religion, dont le pouvoir pieux
Grave de son bonheur le pouvoir dans les cieux ;
Css parens attendris, dont la main révérée
Lui remet de son nom leur fille décorée,
Et cette nuit heureuse, où, dans sa chaste ardeur,
D'une épouse ingénue étonnant la pudeur,
Il ented s'échapper, d'un modeste silence,
Ce premier cri d'amour surpris à l'innocence ;
Tout renouvelle ensemble et son âme et ses sens.
De jour en jour livrée à ses feux renaissans,
Si des transports fougueux que le bel âge inspire
Elle ne lui fait pas retrouver tout l'empire,
Elle donne sans cesse à son cœur sotisfait
Un penchant plus durable, un bonheur plus parfait ;
Elle fixe chez lui la douce confiance.
La tendresse et la paix, vrais biens de l'existence,
Tempére ses chagrins, ajoute à ses plaisirs,
Soulage ses travaux et remplit ses loisirs.
Oui, des plus durs emplois où l'homme se prodigue,
Elle sait à ses yeux adoucir la fatigue :
Artisan, souffre-t-il par le travail lassé ?
Il revoit sa compagne, et sa peine a cessé.
Ministre, languit-il dans son pouvoir suprême ?
Au sein de son épouse, il veut se fuir lui-même.
Il y vient oublier l'ennui, le noir soup»on,

Qui mêlent aux grandeurs leur dévorant poison,
Se distrait de l'orgueil par l'amour qui l'appelle,
Du poids de ses honneurs il respire auprès d'elle.
Elle est dans tous les temps son soutien le plus doux.

Un fils lui doit le jour ! ô trop heureux époux !
Quel trésor pour ton âme ! Avec quel charme extrême
Tu te sens caresser par un autre toi-même !
Tu presses sur ton cœur ce gage précieux ;
Tu recherches tes traits dans ses traits gracieux !
Tu compares surtout et l'enfant et la mère ;
S'il t'offre son portrait, il te la rend plus chère.
Comme ton œil ému, dès qu'il sort de ses bras,
De tous ses mouvemens suit l'aimable embarras,
Et voit avec ivresse, en ta maison bruyante,
Jouer, courir, grandir ton image vivante !
Comme dans ses penchans, qu'il t'offre sans détour,
Tu démêles déjà ce qu'il doit être un jour,
Tu te plais, de son âge oubliant la faiblesse,
A pressentir dans lui l'honneur de ta vieillesse !
Et si l'hymen, donnant une sœur à son fils,
De ton cœur paternel double les droits chéris,
Dans quel enchantement tu vois près de sa mère
Cette enfant rechercher d'autres jeux que son frère,
Chaque jour se former par tes soins vigilans,
Croître en esprit, en mœurs, en attraits, en talens
Et d'un vertueux sexe, en ses regards pudiques,
Promettre la sagesse et la grâce angéliques !
Tu dois à ton épouse un succès si flatteur.
. . . .

. . . .
. . . .
Et quand son front des ans atteste le ravage,
Une femme embellit jusqu'à ses derniers jours.
Au terme de sa course, il s'applaudit toujours
De voir à ses côtés l'épouse tendre et sage
Avec qui de la vie il a fait le voyage,
Et la fille naïve à qui pour le chérir
Il ouvrit le chemin qu'il vient de parcourir.
Grâce aux soins attentifs dont leurs mains complaisantes
S'empressent de calmer ses peines renaaissantes,
De la triste vieillesse il sent moins le fardeau ;
Il cueille quelques fleurs sur le bord du tombeau,
Et lorsqu'il faut quitter ces compagnes fidèles,
Son œil, en se fermant, se tourne encore vers elles.

LA FEMME.

ANTI-PHYSIOLOGIE.

—

Il y aurait des volumes à écrire avec les seuls extraits de tout ce qui a été dit sur la femme, depuis Eve jusqu'à nous.

Après tant d'examens, d'observations, d'aphorismes et d'analyses, fruits de tant de lumières et d'expérience , la femme reste encore sans définition ; les jugemens portés sur elle se multiplient, se heurtent, sans éclairer ce qu'ils ont voulu montrer à nos regards.

C'est, peut-être, qu'il n'a été donné à personne d'examiner la femme avec cette froide et sérieuse attention qui seule découvre la cause et le but de toute chose. Quoi qu'il en soit, bien analyser la femme est un bonheur qui n'est encore échu à personne.

Tous ceuxqui l'ont contemplée, ne l'ont vue qu'à travers leurs propres passions, et il n'est pas deux cœurs qui aient la même vue.

Dans cette tâche difficile, toutes les fois que l'observation a échoué, l'esprit s'est vengé de son impuissance par le sarcasme ; c'est qu'il est plus facile et plus prompt de trouver une injure que de découvrir un vice ou une vertu.

La vanité ou le dépit, l'orgueil ou la colère ont toujours eu trop d'influence sur les jugemens qu'on a portés sur les femmes, pour que l'on puisse leur accorder quelque créance.

Combien de fois n'est-il pas arrivé qu'un écrivain se soit vengé sur toutes les femmes des dédains d'une seule ?

Il y a presque de la fatuité à en dire du bien.

Nous nous bornerons donc à cette sentence immuable : « On ne connaît jamais moins les femmes qu'au moment où l'on croit les connaître le mieux. »

A défaut de pouvoir décrire la beauté morale, voici, selon quelques uns, les principales conditions de la beauté physique :

C'est un signalement :

Les Espagnols disent que pour rendre une femme *parfaite et absolue en beauté*, il lui faut :

Trois choses blanches : la peau, les dents et les mains.

Trois noires : les yeux, les sourcils et les paupières.

Trois rouges : les lèvres, les joues et les ongles.

Trois longues : le corps, les cheveux et les mains.

Trois courtes : les dents, les oreilles et les pieds.

Trois larges : la poitrine, le front, l'entre-sourcil.

Trois étroites : la bouche, la ceinture et l'entrée du pied.

Trois grosses : le bras, la cuisse et le mollet.

Trois déliées : les doigts, les cheveux et les lèvres.

Trois petites : la gorge, le nez et la tête.

Ce type de perfetion admirée à Madrid, ne le serait pas également à Paris.

La beauté elle-même varie selon les climats et les mœurs; il n'y a rien de réellement vrai; le beau lui-même n'est qu'une convention.

CONSEILS AUX FEMMES.

—

Notre raison. . . . .

Nous nous rappelons fort à propos qu'une femme de beaucoup d'esprit a dit :

« Les conseils ne plaisent beaucoup qu'à ceux qni les donnent ! »

Nous nous taisons.....

—

LE PASSÉ, LE PRÉSENT ET L'AVENIR DES FEMMES DANS LA SOCIÉTÉ FRANCAISE.

I.

Des femmes ont été nos tyrans !

II.

Il ne faut pas en faire nos escleves.

III.

Elles doivent être nos égales.

(La suite à l'année prochaine.)

NOTA. LA TOILETTE, *almanach des femmes*, par le même auteur, paraîtra chaque année, pour l'an prochain, du 1ᵉʳ septembre au 31 octobre.

MAISONS RECOMMANDÉES.

Café Anglais, boulevart des Italiens.

Mme Barennes, modes, place Vendôme, 14.

M. Adolphe Catelin, musique, rue du Coq-St-Honoré, 6.

M. Curmer, libraire, rue Richelieu, 4.

M. Denières, bronzes, fabrique rue d'Orléans, 9, au Marais, magasins rue Vivienne, 15.

M. Duvelleroy, éventails, filoirs, galerie des Panoramas et boulevart Bonne-Nouvelle.

M. Groult, pâtes à potages, galerie des Panoramas et rue Sainte-Appoline, 16.

M. Guerlain, parfumeur, rue Rivoli, 42.

M. Houssaye, thés, porcelaines de Chine, rue de la Bourse, 3.

Mme Jannet, salons épilatoires, galerie Vivienne, 70.

M. Lecoq, calorifères, boulevart Poissonnière, 14.

M. Liébaut, confiseur, rue Saint-Honoré, 66.

M. Mayer, gantier, rue de la Paix, 26.

M. Simier, relieur du roi, rue St-Honoré, 252.

MM. Susse frères, papetiers, place de la Bourse, n° 31 et galerie des Panoramas.

M. Th. Parquin, fabricant de plaqué, rue Popincourt, 74.

M. Thiebault-Guichard, nouveautés, boulevart des Italiens, 15.

M. G. Vacher, marchand de meubles, rue Laffitte, 39 et 41.

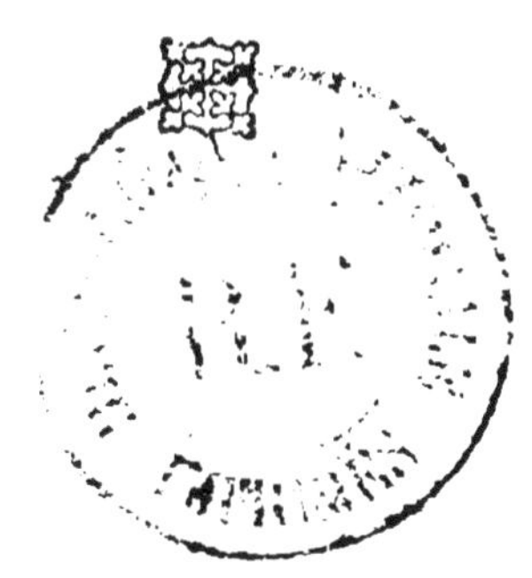

TABLE DES MATIÉRES

FIN DE LA TABLE DES MATIÈRES

IMPRIMERIE BOULÉ ET COMPAGNIE,
rue Coq-Héron, 3.

www.ingramcontent.com/pod-product-compliance
Ingram Content Group UK Ltd.
Pitfield, Milton Keynes, MK11 3LW, UK
UKHW031848170726
13836UKWH00004B/1947